事故应急与救护

U0191088

主　编　黄　辉　甘黎嘉　徐　阳

副主编　何　淼　李　冕　左自成

参　编　幸鼎松　梁冰瑞　黄均艳　朱广红

主　审　黄　敏

高等职业教育安全类专业系列教材

重庆大学出版社

内容提要

本书以专业教学标准为依据,结合生产生活实际,从事故应急需要的一般技术出发,围绕火灾事故应急与救护、生产事故应急、生活事故应急、自然灾害事故应急等方面,系统地阐述了生产生活的事故应急救援知识。全书共分为7个项目,主要内容包括事故应急与救护基础知识、事故应急救援技术、事故现场急救技术、火灾事故应急与救护技术、生产事故应急处置、生活事故应急处置、自然灾害事故应急处置。

本书可作为高等院校安全类专业的教学用书,也可作为建筑、消防等专业的参考教材。

图书在版编目(CIP)数据

事故应急与救护 / 黄辉,甘黎嘉,徐阳主编. -- 重
庆 : 重庆大学出版社,2021.7(2022.9 重印)
ISBN 978-7-5689-2879-3

Ⅰ. ①事… Ⅱ. ①黄… ②甘… ③徐… Ⅲ. ①事故—
救护—基本知识 Ⅳ. ①X928.04

中国版本图书馆 CIP 数据核字(2021)第 142493 号

事故应急与救护

主 编 黄 辉 甘黎嘉 徐 阳
副主编 何 淼 李 冕 左自成
策划编辑:杨粮菊

责任编辑:杨育彪 版式设计:杨粮菊
责任校对:关德强 责任印制:张 策

*

重庆大学出版社出版发行
出版人:饶帮华
社址:重庆市沙坪坝区大学城西路 21 号
邮编:401331
电话:(023)88617190 88617185(中小学)
传真:(023)88617186 88617166
网址:http://www.cqup.com.cn
邮箱:fxk@cqup.com.cn(营销中心)
全国新华书店经销
重庆华林天美印务有限公司印刷

*

开本:787mm×1092mm 1/16 印张:10.5 字数:245 千
2021 年 7 月第 1 版 2022 年 9 月第 4 次印刷
ISBN 978-7-5689-2879-3 定价:45.00 元

前　言

党和国家始终高度重视应急管理工作,目前我国的应急管理体系在不断调整和完善,应对自然灾害和生产事故灾害的能力不断提高,成功地应对了一次又一次重大突发事件,有效地化解了一个又一个重大安全风险,创造了许多抢险救灾、应急管理的奇迹,我国应急管理体制机制在实践中充分展现出自己的特色和优势。

习近平总书记强调,我国是世界上自然灾害最为严重的国家之一,灾害种类多、分布地域广、发生频率高、造成损失重,这是一个基本国情。同时,我国各类事故隐患和安全风险交织叠加、易发多发,影响公共安全的因素日益增多。加强应急管理体系和能力建设,既是一项紧迫任务,又是一项长期任务。

应急救援是保障安全的最后一道防线,事故发生后,如何科学有效地处置,是关乎应急救援成败的关键。为了规范生产生活中常见事故的处置程序,提高企业职工、社会公民应对突发事故的能力,重庆安全技术职业学院应急救援教研室联合中国船舶重工集团衡远科技有限公司、中国安能集团第三工程局重庆发展建设有限公司编写了本书。重庆安全技术职业学院是全国第二所安全类高职院校,也是全国安全职业教育教学指导委员会应急管理专业分委员会理事单位,安全类专业在全国职业院校中有较大的影响力。

本书的编写注重了满足高职高专安全类专业教学课程体系的新发展,力求创新,在吸收了已有教材的基础上,将最新的应急救援技术纳入本书的教学内容。主要优势:一是针对性强,考虑到生产生活中事故类型的差别,从火灾事故、生产事故、生活事故、自然灾害事故四个方面系统地阐述了生产生活的应急知识;二是理论和技术兼顾,注重事故应急理论和技术的融合与创新,使应急救援过程有理论、有操作;三是图文并茂,书中配有大量的插图,清晰地展示了各部分技术的操作过程,使读者很容易掌握。

全书建议 64 学时完成教学,理论 28 学时,实践 36 学时,其中项目一事故应急与救护基础知识 4 学时,项目二事故应急救援技术 12 学时,项目三事故现场急救技术 12 学时,项目四火灾事故应急与救护技术 10 学时,项目五生产事故应急处置 4 学时,项目六生活事故应急处置 14 学时,项目七自然灾害事故应急处置 8 学时。

本书由重庆安全技术职业学院黄辉、甘黎嘉、徐阳担任主编,重庆安全技术职业学院的何淼、李冕，中国安能集团第三工程局重庆发展建设有限公司左自成担任副主编。中船重工集团衡远科技有限公司安全部副部长、生产部副部长幸鼎松工程师，安全监督管理系教师梁冰瑞、黄均艳，中国安能集团第三工程局重庆发展建设有限公司朱广红队长参与编写。重庆安全技术职业学院安全监督管理系主任黄敏副教授担任主审。

本书出版得到以下项目资助：重庆市 2021 年高等职业教育教学改革研究项目"安全技术与管理专业群共享实训基地建设研究"，重庆市行业能力等级标准建设项目"应急行业资历等级标准建设"，2021—2023 年重庆安全技术职业学院校级质量工程"提质培优"行动计划专项项目"事故应急与救护"。

期望本书的出版能给应急救援事业带来帮助，使读者的救援技能有所提升。由于编者水平有限，本书在编写过程中难免存在一些疏漏和错误，敬请广大读者批评指正。

编　者
2021 年 3 月

目　录

项目一　事故应急与救护基础知识

【项目描述】

　　安全生产事关人民福祉,事关经济社会发展大局。党的十八大以来,习近平总书记从实现"两个一百年"奋斗目标、实现中华民族伟大复兴中国梦的战略高度,高度重视、多次明确要求提高各类灾害事故的防范救援能力。

　　目前,我国现代化建设进入攻坚克难阶段,随着工业化、城镇化的加速发展,新形势、新问题、新情况层出不穷,伤亡事故特别是重、特大事故不断发生,严重影响了社会的稳定和经济的发展。如何科学、及时、有效地应对重、特大事故以及实施正确的应急救援措施,是当今我国必须面对的重大难题。

　　本项目主要学习事故与事故应急救援的基础知识,事故应急救护的程序及原则等内容,让学生掌握一定的事故基础知识、事故现场救援知识和技能。

【学习目标】

　　知识目标:

　　1.了解事故的分类、事故的等级划分。

　　2.掌握事故应急与救护的程序。

　　3.熟悉事故应急与救护的原则和注意事项。

　　技能目标:

　　1.具备分析事故类型和等级的能力。

　　2.具备处理突发事故的能力。

　　素养目标:

　　1.养成积极有效的协调、管理和沟通能力。

　　2.具有良好的团队协作能力。

　　3.具备耐心、专注、坚持的工作心态。

任务一　事故与事故应急救援的基础知识

【任务实施】

一、事故基础知识

在生产过程中，事故是指造成人员伤亡、财产损失、职业病或其他损失的意外事件。从这个定义可以看出，事故是意外事件，而不是预谋事件；该事件违背了人们的意愿，是人们不希望发生的；同时该事件也产生了人们不愿意看到的后果。如果该事件的后果出现人员死亡或者其他身体伤害就称为伤亡事件，反之则是非伤亡事件。

（一）事故的特征

事故表面现象是千差万别的，存在于生产、生活中出现的结果也各不相同，所以说事故是复杂的。但是事故是客观存在的，其自身发展有一定的规律性。大量的统计结果表明，事故主要存在以下几个特征。

1. 普遍性

各类事故的发生大多具有普遍性，从更广泛的意义上讲，世界上没有绝对的安全。安全生产工作必须时刻面对事故的挑战，任何时间、任何场合都不能放松对安全的要求，而且针对那些事故发生较少的地区和单位更要明确事故的普遍性这一特征，避免存在麻痹大意的思想，争取从源头上杜绝事故的发生。

2. 偶然性和必然性

偶然性是指事物发展、变化过程中呈现出来的某种摇摆、偏离，是可能出现也可能不出现，可以这样出现也可以那样出现的不确定的趋势。必然性是客观事物联系和发展的合乎规律的、确定不移的趋势，是在一定条件下的不可避免性。事故的发生是随机的，同样的前因事件随时间的进程导致的后果不一定完全相同，但偶然中存在必然性，必然性存在于偶然之中。随机事件服从于统计规律，可用数理统计方法对事故进行统计分析，从中找出事故发生、发展的规律，从而为预防事故提供依据。

3. 因果性

事故因果性是指一切事故的发生都是由一定原因引起的，这些原因就是潜在的危险因素，事故本身只是所有潜在危险因素或显性危险因素共同作用的结果。在生产过程中存在着许多危险因素，不但有人为因素（包括人的不安全行为和管理缺陷），而且也有物的因素

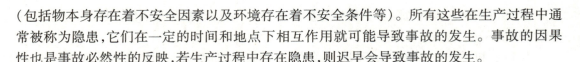

（包括物本身存在着不安全因素以及环境存在着不安全条件等）。所有这些在生产过程中通常被称为隐患，它们在一定的时间和地点下相互作用就可能导致事故的发生。事故的因果性也是事故必然性的反映，若生产过程中存在隐患，则迟早会导致事故的发生。

4.潜伏性

事故的潜伏性是说事故在尚未发生或还未造成后果时，是不会显现出来的，好像一切还处在"正常"和"平静"状态。但生产中的危险因素是客观存在的，只要这些危险因素未被消除，事故总是会发生的，只是时间的早晚而已。

5.可预防性

事故的发生、发展都是有规律的，只要按照科学的方法和严谨的态度进行分析并积极做好有关的预防工作，事故是完全可以避免的。人类对于事故预防措施的研究一直没有停止过，而且随着人类认识水平的不断提升，各种类型的事故都已经找到了比较有效的方法进行预防。应该说人类已经基本掌握了绝大多数事故发生、发展的规律，关键的问题是如何在企业和普通劳动者中推广，这是目前安全生产技术问题的关键所在。

6.低频性

一般情况下，事故（特别是重、特大事故）发生的频率比较低。美国安全工程师海因里希通过对55万余起机械伤害事故的研究表明，事故与伤害程度之间存在着一定的比例关系。对于反复发生的同一类型事故将遵守下面的比例关系：在330起事故当中，无伤害事故约有300起，轻微伤害事故约有29起，严重伤害事故约有1起，即"300∶29∶1法则"。国际上将此比例关系称为"事故法则"，也称"海因里希法则"（图1-1）。很明显，"事故法则"也就是事故低频性的最好注解。

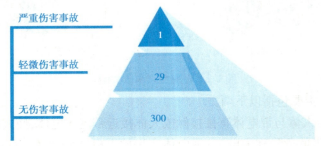

图1-1　海因里希法则

（二）事故的分类

据国家《企业职工伤亡事故分类》标准，将生产过程中的常见事故类别划分为20类，以下分别对这些事故类型（危险、有害因素）进行分析。

第1类：物体打击事故。物体在重力或其他外力的作用下运动，打击人体造成伤害的危险。例如高速旋转的设备部件松脱飞出伤人、高速流体喷射伤人等。不包括因机械设备、车辆、起重机械、坍塌等引发的物体打击的危险，如图1-2（a）所示。

第2类：车辆伤害事故。厂内机动车辆在行驶过程中导致的撞击、人体坠落、物体倒塌、飞落、挤压等形式伤害的危险。不包括起重设备提升、牵引车辆和车辆停、驶时发生事故的危险,如图1-2(b)所示。

第3类:机械伤害事故。由于机械设备的运动或静止的部件、工具、被加工件等,直接与人体接触引起的碰撞、剪切、夹挤、卷绞缠、碾压、割、刺等形式伤害的危险。不包括厂内外车辆、起重机械引起的各类机械伤害危险,如图1-2(c)所示。

第4类:起重伤害事故。在进行各种起重作业(包括起重机安装、检修、试验)中发生挤压、坠落、(吊具、吊重等)物体打击和起重机倾翻等事故的危险,如图1-2(d)所示。

(a)物体打击事故   (b)车辆伤害事故

(c)机械伤害事故   (d)起重伤害事故

图1-2   企业生产事故类型1

第5类:触电。主要包括以下两类。

(1)电击、电伤:人体与带电体直接接触或人体接近带高压电体,使人体流过超过承受阈值的电流而造成伤害的危险称为电击;带电体产生放电电弧而导致人体烧伤的伤害称为电伤,如图1-3(a)所示。

(2)雷电:由于雷击造成的设备损坏或人员伤亡。雷电也可能导致二次事故的发生。

第6类:淹溺。人体落入水中造成伤害的危险,包括高处坠落淹溺,不包括矿山、井下透水等的淹溺,如图1-3(b)所示。

第7类:灼烫。火焰烫伤、高温物体烫伤、化学灼伤(酸、碱、盐、有机物引起的体内外灼伤)、物理灼伤(光、放射性物质引起的体内外灼伤)等危险,不包括电灼伤和火灾引起的烧伤危险,如图1-3(c)所示。

第8类:火灾。由火灾而引起的烧伤、窒息、中毒等伤害的危险,包括由电气设备故障、雷电等引起的火灾伤害的危险,如图1-3(d)所示。

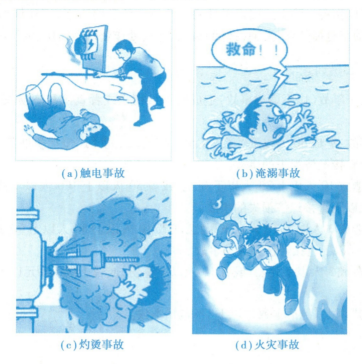

(a)触电事故　　　　　　　　(b)淹溺事故

(c)灼烫事故　　　　　　　　(d)火灾事故

图1-3　企业生产事故类型2

第9类:高处坠落。指在高处作业时发生坠落造成冲击伤害的危险。不包括触电坠落和行驶车辆、起重机坠落的危险。

第10类:坍塌。物体在外力或重力作用下,超过自身的强度极限或因结构、稳定性破坏而造成的危险(如脚手架坍塌、堆置物倒塌等)。不包括车辆、起重机械碰撞或爆破引起的坍塌。

第11类:冒顶片帮。井下巷道和采矿工作面围岩或顶板不稳定,没有采取可靠的支护,顶板冒落或巷道片帮对作业人员造成的伤害。

第12类:透水。井下没有采取防治水的措施、没有及时发现突水征兆或发现突水征兆时没有及时采取防探水措施或没有及时探水,裂隙、溶洞、废弃巷道、透水岩层、地表露头等积水进入采空区、巷道、探掘工作面,造成井下涌水量突然增大而发生淹井事故。

第13类:放炮。爆破作业中所存在的危险。

第14类:火药爆炸。火药、炸药在生产、加工、运输、储存过程中发生爆炸的危险。

第15类:瓦斯爆炸。井下瓦斯超限,达到爆炸条件而发生瓦斯爆炸危险。

第16类:锅炉爆炸。锅炉等发生压力急剧释放、冲击波和物体(残片)作用于人体所造成的危险。

第17类:容器爆炸。压力容器、乙炔瓶、氧气瓶等发生压力急剧释放、冲击波和物体(残片)作用于人体所造成的危险。

第18类:其他爆炸。可燃性气体、粉尘等与空气混合形成爆炸性混合物,接触引爆能源(包括电、气火花)发生爆炸的危险。

第 19 类：中毒和窒息。化学品、有害气体急性中毒、缺氧窒息、中毒性窒息等危险。

第 20 类：其他伤害。除上述因素以外的一些可能的危险因素，例如体力搬运重物时碰伤或扭伤、非机动车碰撞轧伤、滑倒（摔倒）碰伤、非高处作业跌落损伤、生物侵害等危险。

（三）事故的等级划分

根据生产安全事故（以下简称事故）造成的人员伤亡或者直接经济损失，事故一般分为以下等级：

特别重大事故：造成 30 人以上死亡，或者 100 人以上重伤（包括急性工业中毒，下同），或者 1 亿元以上直接经济损失的事故。

重大事故：造成 10 人以上 30 人以下死亡，或者 50 人以上 100 人以下重伤，或者 5 000万元以上 1 亿元以下直接经济损失的事故。

较大事故：造成 3 人以上 10 人以下死亡，或者 10 人以上 50 人以下重伤，或者 1 000 万元以上 5 000 万元以下直接经济损失的事故。

一般事故：造成 3 人以下死亡，或者 10 人以下重伤，或者 1 000 万元以下直接经济损失的事故。

上面规定的"以上"包括本数，"以下"不包括本数。

（四）事故的风险控制

根据风险控制原理，风险大小是由事故发生的可能性及其后果严重程度决定的，一个事故发生的可能性越大，后果越严重，则该事故的风险就越大。因此，事故灾难风险控制的根本途径有两条。

第一条是通过事故预防来防止事故的发生或降低事故发生的可能性，从而达到降低事故风险的目的。然而，由于受技术发展水平、人的不安全行为以及自然客观条件（乃至自然灾害）等因素影响，要将事故发生的可能性降至零，即做到绝对安全，是不现实的。事实上，无论事故发生的频率降至多低，事故发生的可能性依然存在，而且有些事故一旦发生，后果将是灾难性的，如印度博帕尔毒气泄漏事件、乌克兰切尔诺贝利核电站泄漏等。

第二条是通过事故应急救援来降低这些概率虽小、后果非常严重的重大事故风险。事故应急救援以"发生事故后，尽量降低损失"为目标。

二、事故应急救援基础知识

事故应急救援工作是在预防为主的前提下，贯彻统一指挥、分级负责、区域为主、单位自救和社会救援相结合的原则。其中预防工作是事故应急救援工作的基础，除了平时做好事故的预防工作，避免或减少事故的发生以外，落实好救援工作的各项准备措施，做到预有准备，一旦发生事故就能及时实施救援。重大事故所具有的发生突然、扩散迅速、危害范围广的特点，也决定了救援行动必须迅速、准确和有效。因此，救援工作只能实行统一指挥下的分级负责制，以区域为主，并根据事故的发展情况，采取单位自救和社会救援相结合的形式，充分发挥事故单位及地区的优势和作用。

事故应急救援又是一项涉及面广、专业性很强的工作,靠某一个部门是很难完成的,必须把各方面的力量组织起来,形成统一的救援指挥部,在指挥部的统一指挥下,公安、消防救援、环保、卫生、质检等部门密切配合,协同作战,迅速、有效地组织和实施应急救援,尽可能地避免和减少损失。

(一)事故应急救援的原则

(1)"以人为本,安全第一"原则。以落实实践科学发展观为准绳,把保障人民群众生命财产安全,最大限度地预防或减少突发事件所造成的损失作为首要任务。

(2)"统一领导,分级负责"原则。在本单位领导统一组织下,发挥各职能部门作用,逐级落实安全生产责任,建立完善的突发事件应急管理机制。

(3)"依靠科学,依法规范"原则。科学技术是第一生产力,利用现代科学技术,发挥专业技术人员作用,依照行业安全生产法规,规范应急救援工作。

(4)"预防为主,平战结合"原则。认真贯彻安全第一、预防为主、综合治理的基本方针,坚持突发事件应急与预防工作相结合,重点做好预防、预测、预警、预报和常态下风险评估、应急准备、应急队伍建设、应急演练等各项工作。确保应急预案的科学性、权威性、规范性和可操作性。

(二)事故应急救援的基本任务

(1)立即组织营救受害人员,组织撤离或者采取其他措施保护危害区域内的其他人员。抢救受害人员是应急救援的首要任务,在应急救援行动中,快速、有序、有效地实施现场急救与安全转送伤者是降低伤亡率,减少事故损失的关键。指导群众防护,组织群众撤离。由于重大事故发生突然、扩散迅速、涉及范围广、危害大,应及时指导和组织群众采取各种措施进行自身防护,并迅速撤离出危险区或可能受到危害的区域。在撤离过程中,应积极组织群众开展自救和互救工作。

(2)迅速控制危险源,并对事故造成的危害进行检验、监测,测定事故的危害区域、危害性质及危害程度。及时控制造成事故的危险源是应急救援工作的重要任务。只有及时控制住危险源,防止事故的继续扩展,才能及时有效地进行救援。

(3)消除危害后果,做好现场清洁。针对事故对人体、动植物、土壤、水源、空气造成的现实危害和可能的危害,迅速采取封闭、隔离、洗消、监测等措施。对事故外溢的有毒有害物质和可能对人或环境继续造成危害的物质,应及时组织人员予以清除,消除危害后果,防止对人的继续危害和对环境的污染。对危险化学品事故造成的危害进行监测、处置,直至符合国家环境保护标准。及时清理废墟和恢复基本设施,将事故现场恢复至相对稳定的状态。

(4)查清事故原因,评估危害程度。事故发生后应及时调查事故的发生原因和事故性质,评估出事故的危害范围和危险程度,查明人员伤亡情况,做好事故原因调查,并总结救援工作中的经验和教训。

【任务小结】

本任务主要学习事故与事故应急救援的基础知识,具体介绍了事故的特征、事故的分类、事故的等级划分、事故应急救援内涵、事故应急救援的原则、事故应急救援的基本任务等内容。学生通过本任务的学习,能够对事故应急救援产生初步的认知。

【思考讨论】

1. 什么叫事故?

2. 事故应急救援的内涵是什么?

3. 事故应急救援的原则有哪些?

【学习评价】

技能要点	评价关键点	分值/分	自我评价（20%）	小组互评（30%）	教师评价（50%）
事故基础认知	了解事故的定义	10			
	掌握事故的分类	20			
	掌握事故的等级划分	20			
事故应急救援的内涵、原则和基本任务认知	理解事故应急救援内涵	20			
	熟悉应急救援的原则	15			
	掌握救援的基本任务	15			
总得分		100			

任务二 事故应急与救护的程序及原则

【任务实施】

一、判断事故状况

在意外伤害、突发事件的现场,面对危重患者,作为"第一目击者"首先要评估现场情况,通过实地感受、眼睛观察、耳朵听声、鼻子闻味来对异常情况做出初步的快速判断。

（一）现场巡视

（1）注意现场是否对救护者或患者造成伤害。

（2）引起伤害的原因，受伤人数，是否仍有生命危险。

（3）现场可以利用的人力和物力资源以及需要何种支援，采取的救护行动等。必须在数秒钟内完成。

（二）判断病情

现场巡视后，针对复杂现场，需首先处理威胁人员生命的情况，检查患者的意识、气道、呼吸、循环体征、瞳孔反应等，发现异常，须立即救护并及时呼叫"120"或尽快护送到附近的医疗部门。

二、及时向外界求救

（一）向附近人群呼救

（1）声响求救。除了喊叫求救外，还可以通过吹哨子、击打金属器具、木棍敲打物品等方式向周围人群发出求救信号。

（2）光线求救。遇到紧急情况时，利用回光反射信号是最有效的办法。常见的工具有手电筒以及可利用的能反光的物品，如镜子、罐头皮、玻璃片、眼镜、回光仪等。每分钟闪照6次，停顿 1 min 后，再重复进行。

（3）抛物求救。在高楼遇到紧急情况时，可抛掷软物，如枕头、书本、空塑料瓶等，引起下面注意并指示方位。

（4）烟火求救。在野外遇到紧急情况时，连续点燃三堆火，间距最好相等。白天可燃烧新鲜树枝、青草等植物产生浓烟，夜晚可点燃干柴，发出明亮耀眼的火光向周围求救。

（二）拨打"120"急救电话

电话中应说明：

（1）伤者人数、大概病情及本人的姓名、身份、联系方式。

（2）发现伤者所在的确切地点，尽可能指出附近的显著标志物。

（3）患者目前最危重的情况，如昏倒、呼吸困难、大出血等。

（4）现场已采取的救护措施，如止血、心肺复苏等。

注意：不要先放下话筒，要等救援医疗服务系统调度人员先挂断电话。急救部门根据呼救电话的内容，应迅速派出急救力量，及时赶到现场。

三、排除事故现场潜在危险，帮助受困人员脱离险境

应急救护现场，首先确定有无再次发生事故的危险，排除二次事故隐患，确保救援人员

和伤者的安全,将伤者移到安全区域后再实施救护。如发现有人触电后,应立即切断电源;火场有人被困,先灭火,将伤者转移至安全地带后,再救治。

四、交通事故需保护事故现场

在交通事故现场周围放置三角形警示标识,指派专人指挥交通。将出事汽车引擎关闭,拉紧手刹,并用石块固定车轮。即使在夜间,也只能凭手电筒或车灯处理事故现场,禁止用火或抽烟。一般不随意把伤者移出事故现场,但若伤者处于潜在危险之中或伤情急迫,应迅速施救,并标记伤者出事位置。

巡查四周有无被撞击而抛出车外的人,若有应妥善处置。切勿接触有电流、电线的车辆及物体。小心保管伤者的财物,清点并登记。

五、伤情检查及伤者分类

(一)伤情检查

要有整体观,切勿被局部伤口迷惑,首先要查出危及生命和可能致残的危重伤者。

1. 生命体征

判断意识:呼唤伤者,轻拍其肩部,10 s内无任何反应可视为昏迷。如表情淡漠,反应迟钝,不合情理的烦躁都提示伤情严重。对意识不清者不要随便翻动,以免加重未被发现的脊柱或四肢骨折。

判断脉搏:触摸颈动脉(小儿触摸肱动脉),判断心跳是否存在,是否变得快而弱。正常脉搏应为 60 ~ 100 次/min,搏动清晰有力。

判断呼吸:观察伤者有无呼吸困难、气道阻塞及呼吸停止。正常呼吸为 16 ~ 20 次/min,均匀平稳。

2. 出血情况

伤口大量出血是伤情加重或致死的重要原因,现场应尽快发现大出血的部位。若伤者有面色苍白、脉搏快而弱、四肢冰凉等大失血的征象,却没有明显的伤口,应警惕为内出血。

3. 是否骨折

骨折的一般表现为红、肿、热、痛以及功能受限或者功能障碍,通过这些体征就可以判断是否骨折。

一是患处肿胀、疼痛、淤血;二是伴有或不伴有肢体活动功能受限;三是严重的骨折会有肢体反常活动,触诊时可触及骨擦音及骨擦感。一般具备以上 3 条,就可以初步判定伤者出现骨折。但有的轻微骨折,如无移位的骨折、不完全骨折、青枝骨折以及单纯轻度椎体压缩性骨折等,患者并不完全具备以上三点,需要到医院就诊拍摄 X 线片,以明确是否存在骨折。

4. 皮肤及软组织损伤

皮肤表面出现瘀血、血肿等。

（二）伤者分类

伤者分类如图1-4所示。

图1-4　伤者分类

1. 濒死伤者——黑色标志

脑、心、肺等重要脏器严重受损,意识完全丧失,呼吸心跳停止的伤者。

2. 危重伤者——红色标志

多脏器损伤,多处骨折或广泛的软组织损伤,生命体征出现紊乱者,是现场抢救运送的重点。如开放性气胸,颅脑损伤、大面积烧伤等。

3. 重伤者——黄色标志

损伤部位局限,生命体征平稳,但失去自救和互救能力,是仅次于红色标志的救治者,如单纯性四肢骨折。

4. 轻伤者——绿色标志

损伤轻微,伤口表浅,生命体征正常,具有自救和互救能力者,可在处理完红、黄标志伤者后再处理。如软组织挫伤、擦伤等。

六、事故应急与救护的原则

1. 先抢后救

使处于危险境地的伤者尽快脱离险境,移至安全地带后再救治。

2. 先重后轻

对大出血、呼吸异常、脉搏细弱或心搏骤停、神志不清的伤者,应立即采取急救措施,挽救生命。昏迷伤者应注意维持呼吸道通畅。伤口处理一般应先止血,后包扎,再固定,并尽快妥善地转送医院。

3. 先救后送

现场所有的伤者须经过急救处理后,方可转送医院。针对突然和意外情况下发生的心跳呼吸骤停的患者所进行的急救措施称为心肺复苏(CPR)。

【任务小结】

本任务主要学习事故应急与救护的程序和原则,具体介绍了判断事故状况、及时向外界求救、排除潜在威胁、事故现场保护、伤者分类以及急救的原则等内容。学生通过本任务内容的学习,能够按照正确的流程处理事故。

【思考讨论】

1. 正确的事故应急与救护的程序是什么?

2. 按照受伤人员的严重程度划分,伤者分为哪几类? 分别用什么颜色区分?

3. 事故应急与救护的原则有哪些?

【学习评价】

技能要点	评价关键点	分值/分	自我评价 (20%)	小组互评 (30%)	教师评价 (50%)
事故应急与救护的程序	熟悉判断事故状况的方法	10			
	掌握向外界求救的方法	10			
	排除潜在危险,帮助受困人员脱险	10			
	掌握交通事故现场的保护	10			
	掌握伤情检查及伤者分类	40			
	理解事故应急与救护的原则	20			
总得分		100			

项目二　事故应急救援技术

【项目描述】

　　事故应急救援的总目标是通过有效的应急救援行动,尽可能地降低事故的危害,包括人员伤亡、财产损失和环境破坏等。事故应急救援的首要任务是立即组织营救受害人员,组织撤离或者采取其他措施保护危害区域内的其他人员。在应急救援行动中,快速、有序、有效地实施现场急救与安全转送伤者,是降低伤亡率、减少事故损失的关键。由于重大事故具有发生突然、扩散迅速、涉及范围广、危害大等特点,应及时指导和组织群众采取各种措施进行自身防护,必要时迅速撤离出危险区或可能受到危害的区域。在撤离过程中,应积极组织群众开展自救和互救工作。

　　本项目介绍了搜救技术、结绳技术、应急缓降技术、破拆技术、应急疏散技术五种救援技术,通过这些技术的学习,学生能够掌握事故应急救援的知识和技能,为今后从事应急救援打下基础。

【学习目标】

　　知识目标:

　　1.掌握搜救技术。

　　2.掌握结绳技术。

　　3.掌握应急缓降技术。

　　4.掌握破拆技术。

　　5.掌握应急疏散技术。

　　技能目标:

　　1.具备灾后自救和互救的能力。

　　2.具备处理突发事故的能力。

　　素养目标:

　　1.养成积极有效的协调、管理和沟通能力。

　　2.具有良好的团队协作能力。

　　3.具备耐心、专注、坚持的工作态度。

任务一　搜救技术

【任务实施】

搜救技术是指在发生自然灾害或其他突发性灾害造成建（构）筑物倒塌时，搜救队员在灾害现场利用先进仪器、设备和先进技术对受困者实施紧急搜救和准确定位的技术。搜救过程应按照下列要求进行。

一、救援基地的选择

应尽量选择平坦开阔、地基稳固的区域设立救援基地，可以包括医疗援助区、人员集散区、装备集散区及建材仓库等，注意避开山脚、陡崖、滑坡等危险区，防止滚石和滑坡；避开河滩、低洼处，防止洪水和泥石流侵袭；避开危楼，防止倒塌，如余震引起的二次垮塌；避开高压线，防止电击。

救援基地由出入道路、紧急集合区域、医疗援助区、人员集散区、装备集散区、物资储备区等组成。

出入道路：必须事先规划好一条明确的进出道路。必须保证人员、工具、装备及其他后勤需求能顺利出入。另外，对出入口进行有效控制，以保证幸存者或受伤的搜救人员迅速撤离。

紧急集合区域：搜救人员紧急集合时的地方。

医疗援助区：医疗小组进行手术以及提供其他医疗服务的地方。

人员集散区：暂时没有任务的搜救人员可以在这里休息、进食，一旦前方发生险情，这里的预备人员可以马上替换。

装备集散区：安全储存、维修及发放工具及装备的地方。

物资储备区：存放搜救行动中所需物资的地方。

二、搜救队的组成

搜救队分为轻型搜救队、中型搜救队、重型搜救队。

（1）轻型搜救队

轻型搜救队可以进行最初的地表搜索与救援。轻型搜救队一般由四至五人组成一小队，第一名是搜救队长（总体把握情况并记录信息，与指挥部联络沟通，描述细节和提出建议），第二名是安全员，其余两人或三人是医护人员。搜救队长是第一安全责任人，安全员是第二安全责任人。

（2）中型搜救队

可以在建（构）筑物内进行技术搜索与救援，有能力突破、打破及切割混凝土等。

（3）重型搜救队

可以在坍塌建（构）筑物内进行复杂的技术搜索和救援，尤其是在加固的钢结构建筑物内。

三、搜救前的准备工作

现场警戒：队长确定任务区域并画出警戒线，清出非救援人员，安抚伤者家属，组织志愿者协助。

侦察：明确搜救任务，侦察搜救区域的出入口（怎样进入，发生二次灾害时可快速撤离）、面积、地图、可能出现伤者的位置。

安全评估，消除公用设备：安全员、建筑结构专家与有毒物质专家评估并消除公用设备（水、电、燃气等），记录潜在危险（松动的砖头、汽油、玻璃等），确认安全后开始搜救。

搜集信息：队长询问周围群众或寻求当地政府帮助，获知建筑物功能及结构，建筑物内总人数及受伤人数，判断受困人员大致分布情况，现场施救过程潜在的危险性，根据搜救队伍能力确定搜索目标和顺序。

四、搜救区域的选择

分配资源至搜救区域：可以根据街道划分搜救区域，按照面积比例，将资源配置到每个搜救区域。这种区域划分的方式对于面积较小的搜救区域较为适用，但是对于较大的区域，例如城市或城市的一部分来说，由于资源限制，这种方法则并不实用。

确定受灾区域的搜救优先级。应优先考虑搜救被困人员较多的区域，在最可能有幸存者的区域及潜在幸存人数最多区域优先展开搜救，例如学校、医院、疗养院、高层建筑、住宅区和办公楼等。

五、搜救方法

（一）搜救犬搜救

搜救犬的嗅觉比人类的嗅觉敏感数百倍，听觉比人类的听觉敏感 18 倍，如果事故现场视野开阔，现场搜救时一般由搜救犬大范围搜救，确定目标后再用生命探测仪准确排查。弊端：长时间工作兴奋度降低（可以工作 20 min，休息 5 min）；分辨不出尸体与活人气味（搜救犬对尸体气味更加敏感，活人可用生命探测仪准确排查）。

（二）仪器搜救

主要用到的先进搜救仪器有声波生命探测仪、红外生命探测仪。

声波生命探测仪应用了声波及震动波的原理，可探测以空气为载体的各种声波和以其他媒体为载体的振动,并将非目标的噪声波和其他背景干扰波过滤,进而迅速确定被困者的位置。高灵敏度的音频生命探测仪采用两级放大技术,探头内置频率放大器,接收频率为1～4 000 Hz,主机收到目标信号后再次升级放大。这样,它通过探测地下微弱的诸如被困者呻吟、呼喊、爬动、敲打等产生的音频声波和振动波,就可以判断生命是否存在。

任何物体只要温度在绝对零度以上都会产生红外辐射,人体也是天然的红外辐射源。但人体的红外辐射特性与周围环境的红外辐射特性不同,红外生命探测仪就是利用它们之间的差别,以成像的方式把要搜救的目标与背景分开。红外生命探测仪能经受救援现场的恶劣条件,可在震后的浓烟、大火和黑暗的环境中搜寻生命。红外生命探测仪探测出遇难者身体的热量,光学系统将接收到的人体热辐射能量聚焦在红外传感器上后转变成电信号,处理后经监视器显示红外热像图,从而帮助救援人员确定遇难者的位置。

(三)人工搜救

人工搜救是搜寻废墟表面和埋压浅层被困者的一种高效、快捷的方法。弊端:搜救人员踩踏废墟引发坍塌造成人员伤害,人多气味杂影响搜救犬判断力,人多杂音大影响声波仪。

人工搜救是搜救人员在搜救对象外边进行的搜救,包括对所有建筑物的搜救,这是最容易实行的搜救类型,不需要其他资源就能完成。人工搜救的主要局限是搜救人员工作时潜在危险地区太近,并且无法进入建筑物的所有空间,在实施人工搜救之前,最好的办法是向一些对倒塌建筑物背景了解的人进行咨询。

人工搜救的程序:首先搜救人员在现场四周搜救,寻找表面可见的幸存者,并通过喊话与他们取得联系,并将这些幸存者转移到安置点。

人工搜救方法主要有下述三种。

1. 人工一字形搜救法

人工一字形搜救法主要用于开阔空间地形的搜救。队员呈一字形等距排开,从开阔区一边平行搜救通过整个开阔区至另一边,到开阔区的另一边后可以反方向搜救,再回到出发的一边,达到反复搜救的目的,如图2-1所示。

图 2-1　人工一字形搜救法

2. 人工弧形搜救法

当开阔区的一边存在结构不稳定的倒塌建筑物时,通常采用人工弧形搜救方法。当搜救小组人数有限,无法一次性形成一个环形围住搜救区域时,也可采用这种方法。它是采用多次、多段弧形连接的方法,起到与环形搜救相同的效果。队员沿着废墟的边缘呈弧形等距展开,等速搜救前进,从废墟的边缘逐渐向弧所在圆的圆心点收缩,直至将任务区搜救完毕,如图2-2所示。

图2-2　人工弧形搜救法

3. 人工环形搜救法

人工环形搜救法主要用于已大致判断受困者所在区域,要继续缩小范围确定位置时的搜救。队员沿废墟四周或搜救区域边缘呈圆形等距排开,进行向心搜救,直至将任务区搜救完毕。使用该法搜救时动用人数较多,以保证形成一个能围住搜救区域的完整圆弧。通常用于对重点区域、重点部位的搜救,如图2-3所示。

图2-3　人工环形搜救法

人工搜救也可以通过询问周围群众是否有人被埋压,直接搜救幸存者、呼叫幸存者、监听幸存者的声音(主要采取喊、敲、听)等方法协助搜救任务的完成。

夜间搜救空旷建筑物,打太极进入,手背向外,打开门拉出或站立对侧,沿墙边行进,如图2-4所示,上楼梯时,不得在楼梯扶手侧上楼和扶楼梯扶手。行进一周后,再择路进入中央区。如遇危险,原路返回。未探查区域不得进入,不许入电梯。多房间搜索,采用"从右开始,并保持右边"回到原点。

图 2-4 夜间空旷建筑物搜救技巧

六、受困者标志

成功搜救到受困者后,确认受困者位置,在受困者所在位置附近做好标志,如图 2-5 所示,不同符号表达的意义不同,如图 2-6 所示。

图 2-5 受困者位置标志

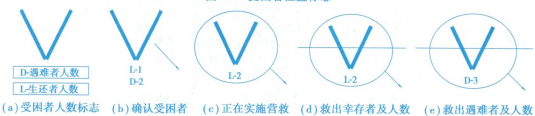

D-遇难者人数				
L-生还者人数	L-1			
	D-2	L-2	L-2	D-3
(a) 受困者人数标志	(b) 确认受困者位置标志	(c) 正在实施营救	(d) 救出幸存者及人数	(e) 救出遇难者及人数

图 2-6 受困者标志

【任务小结】

本任务主要学习搜救技术的相关知识,包括搜救基地的选择和分区,搜救队的组成,搜救前的准备工作,搜救区域的选择,搜救的三种方法,受困者标志。学生通过本任务的学习,能够掌握事故应急搜救的能力。

【思考讨论】

1. 人工搜救法和仪器搜救、搜救犬搜救相比,优势体现在哪些方面?
2. 受困者标志符号中,L 和 D 分别代表什么?

【学习评价】

技能要点	评价关键点	分值/分	自我评价 (20%)	小组互评 (30%)	教师评价 (50%)
搜救基地的选择	熟悉搜救基地分区	10			
搜救队的组成	熟悉轻型搜救队人员的组成	10			
搜救前的准备工作	掌握现场警戒、侦察、安全评估、搜集信息	10			
搜救方法	了解搜救犬搜救	5			
	了解仪器搜救	5			
	掌握人工搜救	30			
受困者标志	掌握受困者标志的意义	30			
总得分		100			

任务二 结绳技术

【任务实施】

结绳是指通过打结使绳索之间,绳索与其他装备之间互扣连接的方法,是事故应急救援人员必备的基本技能之一,广泛应用于户外运动、消防逃生、自救互救等。

结绳必须结实、易解、易调,不易滑脱。结绳技术运用是否得当,直接影响绳索使用的质量和效果,进而影响到使用者的生命安全。根据绳结的用途可以将绳结分为基本绳结、固定绳结、结绳绳结、保护操作绳结、收绳绳结和其他绳结。

一、基本绳结

单结:最基本的结,如图 2-7 所示。

半结:使各种绳结更牢固。优点:防止滑动或是在绳子末端绽开时可作为暂时防止继续脱线，一般不能单独使用，如图2-8所示。

双重单结：绳索中间做成绳圈的结，如图2-9所示。

八字结：八字结的结目比单结大，适合作为固定收束或拉绳索的把手，即使两端拉得很紧，依然可以轻松解开，如图2-10所示。

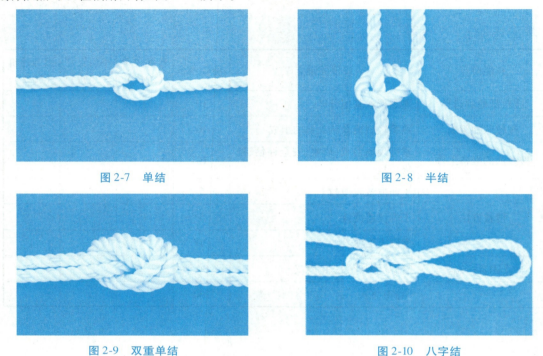

图2-7　单结　　　　　　　　　　　　　图2-8　半结

图2-9　双重单结　　　　　　　　　　　图2-10　八字结

二、固定绳结

双重八字结：可做个固定的绳圈。优点：双重八字结具有耐力强、牢固等优点，经常被登山人士作为救命绳结使用。缺点：双重八字结的绳圈大小很难调整，而且当负荷过重，结目被拉得很紧；或是绳索沾到水的时候，很难解开，如图2-11所示。

蝴蝶结：中间的绳圈和两头都很牢固，可以解决绳子有破损的部分，也可以悬挂物体或人，如图2-12所示。

图2-11　双重八字结　　　　　　　　　图2-12　蝴蝶结

单活扣联结：一般用于粗绳上系细绳采用的方法，如图 2-13 所示。

交叉联结：用于光滑的表面系紧绳索，如图 2-14 所示。

图 2-13　单活扣联结　　　　　　　　　　　　图 2-14　交叉联结

锚结：固定时常用结法，操作简单，需打半结加固，如图 2-15 所示。

卷结：固定时常用结法，操作简单，需打半结加固，如图 2-16 所示。

图 2-15　锚结　　　　　　　　　　　　　　　图 2-16　卷结

捻结：打结方法简单，可用于固定，如图 2-17 所示。

三、保护绳结

腰结：又称人结。易结易解，但绳结也易松动。能保留原绳子的 75%～80% 的承重量，是救助落水时很实用的结绳方法，如图 2-18 所示。

双重腰结：用于救出伤者或冲击力较强的场合，以减少对身体的伤害，如图 2-19 所示。

图 2-17　捻结　　　　　　　　　　　　　　　图 2-18　腰结

三套腰结：主要用于作业空间比较大的场合，用于被救者拉上或降下进行救助的场合，如图 2-20 所示。

图 2-19 双重腰结

图 2-20 三套腰结

四、结绳绳结

床单连接结：适合将粗细相同的两根绳连接在一起，如图 2-21 所示。

双重连结：连接两根质地柔软或潮湿的绳索（或其他材料）时可采用此结，此结十分容易打，但很难拆开，如图 2-22 所示。

图 2-21 床单连接结

图 2-22 双重连结

混合结：又称单衣结，用于两根不同的绳索相互连接，如图 2-23 所示。

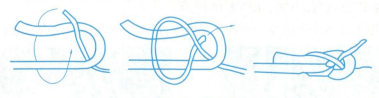
图 2-23 混合结

五、收绳绳结

收绳绳结：绳索用过之后必须收拢，以便下次再用，如图 2-24 所示。

图 2-24　收绳绳结

六、其他绳结

节节扣:在一根绳索上连续打多个单结或止结,用于攀登或下降时作为抓手,如图 2-25 所示。

杠杆结:用于制作绳梯。木棒抽出,绳结即解开,如图 2-26 所示。

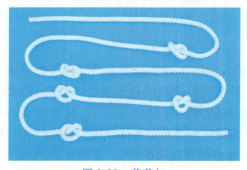

图 2-25　节节扣

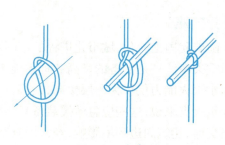

图 2-26　杠杆结

【任务小结】

本任务介绍了基本绳结、固定绳结、保护绳结、结绳绳结、收绳绳结以及其他绳结的打法。学生通过本任务内容的学习,能在户外运动、消防逃生、自救互救等掌握一定的结绳技术。

【思考讨论】

1.如果家里发生火灾,门已无法打开,应该怎么办?

2.消防结绳有哪些用途?

【学习评价】

技能要点	评价关键点	分值/分	自我评价（20%）	小组互评（30%）	教师评价（50%）
结绳技术	掌握基本绳结的打法（不少于 3 种）	20			
	掌握固定绳结的打法（不少于 3 种）	20			
	掌握保护绳结的打法（不少于 3 种）	20			
	掌握结绳绳结的打法（不少于 3 种）	20			
	掌握其他绳结的打法（不少于 3 种）	20			
总得分		100			

任务三　应急缓降技术

【任务实施】

随着我国工业化、城市化进程的不断加快，消防应急救援装备能力与高层建筑的快速发展严重失衡。一是装备的举高和远射能力远远落后于高层建筑的建设速度，现有消防水罐车喷水灭火能力仅仅为 8 层楼高，最高的云梯车举高能力也只有 15 层左右，对于更高的高层建筑火灾来说，这些应急救援装备只能是"望楼兴叹"；二是装备的体积庞大、机动性差，受道路交通、建筑周边环境影响，经常因复杂地形、障碍阻挡而延误时机；三是装备的救援能力差，现有云梯车一次升降只能营救 2 至 3 人，一旦遇上高楼火灾，不能满足现场实际救援需要。因此高层建筑发生火灾时如何应急逃生，已经成为人们高度关注的社会问题。

一、缓降器

（一）缓降器的原理

应急缓降是一种利用缓降装置逃生自救的方法。缓降装置本体的中心部分设有中心轴，中心轴上设有中心轴的外齿和中心轮。中心轴的外齿与两轮的外齿形成一个啮合的次级轴，与壳体相连，绳轮下面有 3 个导向轮。钢绳穿过两个滑轮的凹槽，与导滑轮形成运动轴，导滑轮从机体下端引出。钢索两端均装有安全带。缓降器将人自身的重力通过杠杆或其他的传动机构成比例地传递到阻尼装置上，使人在缓降过程中受到的阻力与自身的重力成正比,从而实现缓降的目的。

应急缓降器具有结构简单、体积小、下降速度慢以及重复使用的特点,可以安装在建筑物窗口、阳台或楼房平顶等处,也可安装在举高消防车上营救处于高层建筑物火场上的被困者。

(二)缓降器的结构

缓降器按火场使用方式可分为往返式缓降器和自救式缓降器。缓降器可以承受的质量为 8～100 kg,工作高度为 10～120 m。

1. 往返式缓降器

往返式缓降器,顾名思义,是可以上下重复使用的缓降器。它主要由速度控制器、安全带、安全钩、救援绳四部分组成,如图 2-27 所示。

往返式缓降器有行星轮式缓降器和齿轮式缓降器两种,它们的工作原理差不多。比如齿轮式,主要通过绳索带动传动齿轮,传动齿轮带动制动毂高速转动,将制动毂轮槽的摩擦块甩出,形成摩擦,控制下滑速度并保持匀速。

往返式缓降器速度控制器是固定的,绳索可以上下往返,可以让被困者一个一个轮着从高处降下来。下降时,下降速度和逃生者的体重相应,整体匀速下降,逃生者几乎不用使劲,只要绑好安全带,抓住救生绳就可以了,如图 2-28 所示。

图 2-27　往返式缓降器构件

图 2-28　往返式缓降器应用

2. 自救式缓降器

自救式缓降器又称下降器,主要由救援绳、八字环、半身安全带、安全钩组成,如图 2-29所示。自救式缓降器的绳索是固定的,下降的速度必须由人来控制,不一定是逃生者本人,在地面的救援者也可以控制。其缺点是不能往返使用,胆小的人使用难度较大。

图 2-29　自救式缓降器构件

（三）缓降器使用方法

1. 往返式缓降器使用方法

使用者先将挂钩挂在室内窗户、管道等可以承重的物体上，然后将绑带系在人体腰部，从窗户上下落，缓缓降到地面。每次可以承载约 100 kg 的单人个体自由滑下，其下滑速度为 0.5～1.5 m/s，从 20 层楼降到地面约需 1 min。具体操作如下：

（1）取出缓降器，把安全钩挂于预先安装好的固定架上或任何稳固的支撑物上。

（2）将绳索盘投向楼外地面以松开绳索。

（3）将安全带套于腋下，拉紧滑动扣至合适的松紧位置。

（4）不要抓上升的缓降绳索，而是手抓安全带面朝墙壁缓降着落，该缓降器会匀速安全地将人员送往地面。

（5）落地后，匀速松开滑动扣，脱下安全带，离开现场。

（6）缓降器可以上下循环交替使用，能在短时间内营救多名人员的生命。

往返式缓降器操作演示如图 2-30 所示。

图 2-30　往返式缓降器操作演示

2. 自救式缓降器使用方法

自救式缓降器的操作方式比往返式缓降器复杂，未经专业指导或培训，不得尝试。使用前应戴好防护手套，以免磨伤皮肤。具体操作如下：

（1）取出半身安全带并穿戴好，调节安全带至松紧适宜。

（2）将救援绳穿过八字环的大环，并绕过小环。

（3）将安全钩一端扣住安全带腰带，另一端扣住八字环的小环，并锁死。

（4）戴上防护手套，左手抓住救援绳上端，右手抓住救援绳下端并置于臀后，开始下降时，切忌脚用力往外蹬，以免救援绳摇摆撞墙，导致身体失衡。

（5）下降时，通过双手调节下降速度，松手时下降，紧握救援绳则悬停，下方其他人拉紧救援绳下端也可使其悬停，落地后，松开安全钩，脱下安全带，离开现场。

自救式缓降器操作演示如图 2-31 所示。

图 2-31　自救式缓降器操作演示

（a）胸式上升器

（b）手式上升器

图 2-32　上升器

二、上升器

上升器主要用于发生火灾等应急状况，且不宜往下逃生时使用的一种自救装置，也可以用于救援被困人员或户外攀爬等场景。上升器的基本原理是使用凸轮锁定救援绳索，使其只能单向上升运动，当上升器受到向下的应力时，会自动锁紧救援绳索。常见的上升器有胸式和手式，如图 2-32 所示。

（一）上升器的原理

上升器的原理是内部设计的偏心装置以及其上的倒齿（棘轮）。当上升器沿绳索上推时，偏心装置受绳索的摩擦力处于放松状态，上升器与绳索间可以顺畅地移动；当上升器沿绳索反向运动时，偏心装置受绳索的反向摩擦力而处于夹紧状态，其上面的倒齿在加紧力的作用下挤入绳索外层，从而使运动停止。所以通俗地说，上升器就是一种能与绳索产生单向运动并能从锁紧状态放松的器具。陡峭地形上升或保护时和安全带、主绳配合使用。

（二）上升器的操作

1. 双手式

利用左、右手式上升器，每个上升器应自带绳梯，左手上升时通过绳梯带动左脚抬起，左手到位后，开始左手拉，左脚踩，使身体上升，左脚站稳后，右手开始同样的动作。通过左右依次动作来使身体向上攀升。

2. 手式加胸式

手式的操作如上所述，胸式上升器固定在胸部，和安全带通过铁锁连接，随着身体一起运动。如果出现胸式无法上升的情况，首先应检查安装是否正确，确认无误后，用手拉动胸式上升器下方的救援绳就可以正常动作。

3. 手式加脚式

手式的操作如上所述，脚式的使用首先要安装正确，脚踝扣一定要扣紧，才可以顺利动作。由于手式多为左手，则脚式的自然多为右脚。

初学者在上升时经常使劲拉上升器，而腿部动作不得要领。其实这样用力事倍功半，人的上肢力量与腿部相比是非常有限的，上升动作的关键是用腿部力量"站"起来。这就要求，踩绳梯（或脚踏）的膝关节折叠弯曲，脚尽量置于臀部正下方，位于重心的垂落线上；站起的时候脚垂直向下蹬起，握上升器的手略微用力，保持上半身的竖直姿态即可。常见的错误动作是膝盖弯曲不充分，脚没有置于臀部正下方，而是向身体前面半弯伸出，这样当腿部蹬直的时候，身体变成横向的伸展运动，上升效率非常低。上升器操作演示如图 2-33 所示。

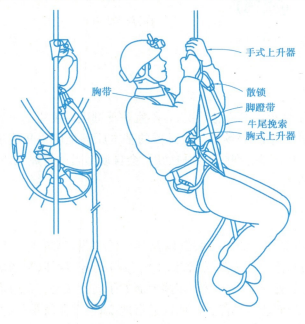

手式上升器
散锁
脚蹬带
牛尾挽索
胸式上升器
胸带

图 2-33　上升器操作演示

【任务小结】

本任务介绍了缓降器和上升器的相关内容,特别强调了往返式缓降器、自救式缓降器、双手式上升器、手式加胸式上升器和手式加脚式上升器的使用方法。学生通过本任务内容的学习,能在遇险时利用缓降器或上升器逃生,或者参与救援。

【思考讨论】

1. 高层建筑利用应急缓降逃生时,救援绳长度不够,怎么办?
2. 应急缓降逃生时,下降的速度越慢越好吗?

【学习评价】

技能要点	评价关键点	分值/分	自我评价（20%）	小组互评（30%）	教师评价（50%）
缓降器	熟悉缓降器的原理	10			
	熟悉往返式缓降器的结构	10			
	熟悉自救式缓降器的结构	10			
	掌握往返式缓降器的使用方法	10			
	掌握自救式缓降器的使用方法	10			
上升器	熟悉上升器的原理	10			
	熟悉上升器的结构	10			
	掌握双手式上升器的使用方法	10			
	掌握手式加胸式上升器的使用方法	10			
	掌握手式加脚式上升器的使用方法	10			
总得分		100			

任务四　破拆技术

【任务实施】

一、破拆技术概述

破拆技术是指使用适当装备器械在混凝土构件、金属构件或其他障碍物上开凿创建营救通道的技术,主要是消防、交警、武警部队在发生火灾、地震、车祸、突击救援情况下使用,快速破拆、清除防盗窗栏杆、倒塌建筑钢筋、窗户栏等障碍物。

破拆技术可分成切割技术、剪切技术和凿破技术。切割技术是指利用切割工具,如机动链锯、内燃无齿锯、双轮异向锯等工具,切断钢筋、护栏、门窗等障碍物,开辟营救通道的技术,是应急救援过程中最常用的技术之一。剪切技术是指利用扩张钳、剪切钳、开封器等破拆工具使钢筋、钢丝、钢管等障碍物弯曲、剪断,使被困人员脱险的技术,常用于火灾、地震等灾害的应急救援。凿破技术是指用凿岩机、破碎机、钻孔机在混凝土地板、混凝土墙壁、砖墙等障碍物中开辟应急通道的技术,常用于建筑物倒塌后的应急救援。

破拆过程中,要将安全贯穿于救援全过程,针对不同的现场情况,合理选择破拆工具和安全、高效的破拆路径,同时要注意尽可能减少对周围环境的影响,开辟的通道必须满足营救需要。

二、破拆工具

破拆工具按动力源可分为手动破拆工具、电动破拆工具、机动破拆工具、液压破拆工具、气动破拆工具、弹能破拆工具和其他破拆工具。

(一)手动破拆工具

手动破拆工具有撬斧、撞门器、消防腰斧、镐、锹、刀、斧等,如图 2-34 所示,主要以操作者自身的力量来完成救援工作。手动破拆工具的优点:不需要任何能源,适合迫切性小的事故救援;缺点:力量小,效率慢。

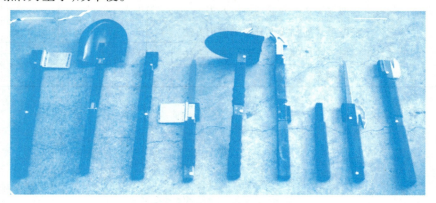

图 2-34　手动破拆工具

(二)电动破拆工具

电动破拆工具有电锯、电钻、电焊机等,以电能转换为机械能,实现切割、打孔、清障的目的,如图 2-35 所示。优点:工作效率高;缺点:灾难事故停电或野外作业时无电源可取。

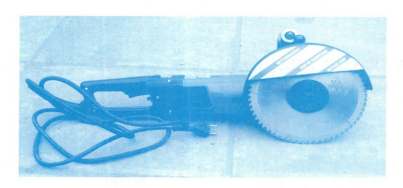

图 2-35　电动破拆工具（双轮异向锯）

（三）机动破拆工具

机动破拆工具有机动锯、机动镐、铲车、挖掘机等，主要以燃料为动力转换机械能实施破拆清障，如图 2-36 所示。优点：工作效率快，不受电源影响；缺点：设备大、不便于携带。

图 2-36　机动破拆工具（机动链锯）

（四）液压破拆工具

液压破拆工具有液压剪钳、液压扩张器、液压顶杆等，主要以高压能量转换为机械能进行破拆、扩张升举，如图 2-37 所示。优点：能量大、工作效率快；缺点：设备笨重，质量不稳定。

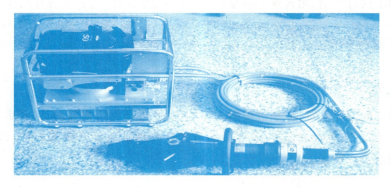

图 2-37　液压破拆工具（液压剪钳）

（五）气动破拆工具

气动破拆工具有气动切割刀、气动镐、气垫等，主要靠高压空气转换机械能工作，如图 2-38 所示。优点：设备小；缺点：功能单一。

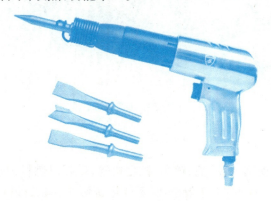

图 2-38　气动破拆工具（气动镐）

（六）弹能破拆工具

弹能破拆工具有毁锁枪、双动力撞门器、子弹钳等，以弹药爆炸所产生的高压气体为动力源，如图 2-39 所示。优点：设备小，效率快，能量大；缺点：功能单一。

图 2-39　弹能破拆工具（双动力撞门器）

（七）其他破拆工具

其他破拆工具有气割、无火花工具等，以其他动力源工作，适合于特殊的救援场所。

三、破拆营救策略

（一）制定破拆方案

根据受困者的情况位置，在靠近被困人员的位置，选择障碍物薄弱点，开辟营救通道，如图 2-40 所示。注意在救援过程中，安慰受困者做好心理准备和必要的防护，避免废墟碎块或器械对其造成二次伤害。

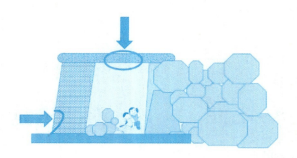

图 2-40　破拆位置的选择

（二）选择合理的破拆方法

1. 快速破拆法

快速破拆法是指为了搜救废墟中的受困人员,在安全的情况下,救援队员综合利用多种破拆手段,在倒塌建筑物构件中快速打开人员进出通道的一种破拆方法。在破拆作业时,我们破拆的对象通常是有稳固支撑的、未破坏或局部破坏的混凝土楼板,多为从上往下破拆;由救援队中的营救组负责实施快速破拆,一般情况下可根据作业的难易程度,选择不同的装备,主要选择凿破工具和剪断工具;在作业时,通常可编成 4 名队员,其中 1 名作业手为组长兼安全员。破拆过程可分为确定破拆范围、破碎混凝土、处理钢筋三个步骤。

（1）确定破拆范围

确定破拆范围,就是在破拆体的适当位置,使用画线工具画出人员进出口的具体位置、形状和大小。确定进出口的位置时,只要现场情况允许,应尽量偏离受困者;为了提高破拆速度,进出口的形状通常为圆形;作业时通常由营救组组长使用喷漆罐、卷尺在预定位置画出一个概略圆形;其大小以能够满足救援队员进入和能够救出受困者为宜;一般以受困者的体型为准,直径一般为 60 ~ 90 cm。

（2）破碎混凝土

破碎混凝土,就是使用凿破工具凿破圆形内的混凝土。凿破的方法是:首先在圆形内靠近中心点的位置钻凿一个缺口,然后分别在该缺口的四周进行钻凿,逐步扩大缺口,直至缺口范围达到圆形的边线。

（3）处理钢筋

尽管混凝土已全部破碎,但是裸露的钢筋仍然会阻碍救援队员进入被困空间。因此,第三步,就是处理钢筋。处理的方法是:在剪断混凝土构件内的钢筋时,不应过于靠近钢筋根部剪切,应留出 10 ~ 15 cm,以便折弯钢筋,因为即便靠近钢筋根部进行剪断也很难使剪切口与营救通道边缘混凝土构件完全平齐,仍会留下部分钢筋头,这些钢筋头上的毛刺或棱角,可能会对进出的营救人员造成不必要的伤害;如果钢筋直径较大,手臂力量无法折弯时,还可借助就便器材如镀锌钢管来延长力臂,使钢筋尽量弯曲。快速破拆过程如图 2-41 所示。

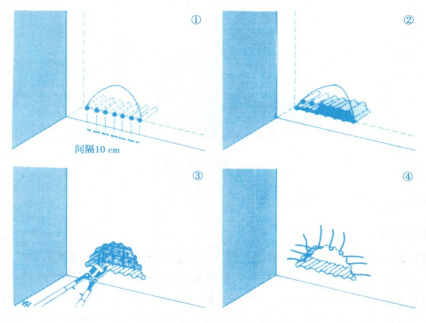

图 2-41 快速破拆过程

2. 安全破拆法

安全破拆法这个名称来源于国外应急救援行业,也称干净破拆法,是指在破拆救援行动中,为避免受困人员受到二次伤害,救援队员采取事先固定破拆体,然后再对破拆体进行切割的一种安全的破拆方法。也就是说在安全破拆的整个过程中,不允许有混凝土碎块掉落而砸到幸存者的情况。通常情况下安全破拆由救援队中的营救组负责实施,根据作业的难易程度,一般编为 4 名队员,按照确定破拆范围、固定破拆体、切割吊离三个步骤实施作业。

（1）确定破拆范围

确定破拆范围就是在需要破拆的混凝土预制板的适当位置,使用画线工具画出人员进出口的具体位置、形状和大小。确定进出口的位置时只要场地情况允许,应该尽量偏离受困者的正上方,以免破拆时跌落碎块砸中受困者;作业时通常由营救组组长使用喷漆罐在预定位置画出一个等边三角形并标记出该三角形的重心点,其大小以能够满足救援队员进入和能够救出受困者为宜;一般以受困者的体型为准,边长一般为 60~90 cm。

（2）固定破拆体

为了避免三角形内的预制板在切割完毕后掉入被困空间内砸伤受困者,我们还应该想办法在破拆前将其固定。这就是我们要介绍的第二个步骤,固定破拆体。采用的方法是由一名作业手利用电钻在三角形重心点上打孔,而后打入膨胀螺钉固定,固定后其余人员在破拆体上方架设三角架,一名作业手操作绞盘,利用垂下的钢丝绳牵拉住膨胀螺钉。

（3）切割吊离

固定好破拆体后,最后一个步骤就是切割作业,即救援队员使用切割装备如内燃无齿锯、液压四盘锯等,将三角形部分的预制板切割并移出原来的位置。

在实施救援时,根据切割工具的最大作业深度及破拆对象的厚度,通常被分为直接安全破拆和间接安全破拆。当切割工具的最大作业深度大于破拆对象厚度时,采用直接安全破拆;当切割工具的最大作业深度小于破拆对象厚度时,采用间接安全破拆。间接安全破拆就是通过对破拆对象的剥离使切割工具的最大作业深度大于破拆对象厚度后进行的安全破拆。在采用间接安全破拆时,通常可选择边槽剥离法、井字型剥离法、倒三角形切割法等,如图 2-42 所示。

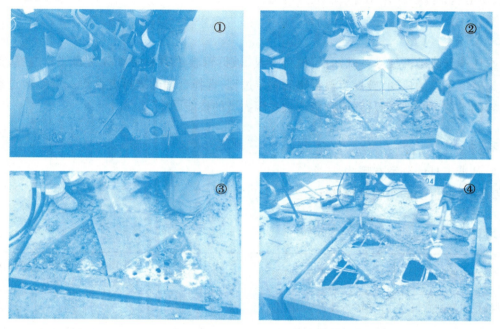

图 2-42　安全破拆法过程

四、破拆时应注意的问题

为防止在破拆作业过程产生中的粉尘、浓烟、飞溅或掉落的碎块损伤作业人员,应戴头盔、护目镜、防尘罩、耳塞和手套等个人安全防护装备实施作业;为保证废墟的稳定性,无关人员尽量不在作业区逗留,并远离作业点;规划好每名作业人员的紧急撤离路线并设立相应的安全避险区。同时还要注意以下几个方面的问题。

①要正确合理地选择破拆装备器材,必须对各种装备器材的性能和局限有详细的了解,同时必须在这些装备器材的实际性能允许的范围内使用。

②当破拆墙板或楼板时,要边破拆边观察,时刻注意避免伤害受困者,因为很可能受困者就在破拆构件的另一侧。

③破拆作业前,必须仔细观察破拆对象的状况,并预估可能产生的后果或其他意外情况。

④破拆过程中,作业人员和安全员均应时刻注意废墟中可疑的响声和瓦砾掉落情况,判断是否存在危险。

⑤破拆要尽可能地减少对周围环境的影响,要尽量避免对废墟承重构件的破拆,否则极易破坏残存建筑结构的整体性和稳定性,尤其在破拆过程中要注意钢缆和钢筋的区别,因为切割预应力的钢缆可能会导致楼板或者结构的破坏,通常不应随意切断拉紧的钢缆,如破拆中发现钢缆,可求助于结构专家,在结构专家的指导下进行作业。

⑥破拆小组要保持通信畅通,尤其要保持与废墟深处作业的队员的联系,一旦失去通信联系,要迅速查清原因并及时采取应急措施。

【任务小结】

本任务分成破拆技术基础知识、破拆工具、破拆营救策略和注意事项四部分内容,重点内容为破拆工具的认知,破拆营救策略的制定过程,选择合理的破拆方法等。学生通过本任务内容的学习,能够掌握从障碍物中营救被困人员的技能。

【思考讨论】

1. 破拆工具的分类有哪些?
2. 安全破拆法的实施过程是什么?

【学习评价】

技能要点	评价关键点	分值/分	自我评价（20％）	小组互评（30％）	教师评价（50％）
破拆技术基础知识	了解破拆技术应用范围	5			
破拆工具	了解手动破拆工具	5			
	了解电动破拆工具	5			
	了解机动破拆工具	5			
	了解液压破拆工具	5			
	了解气动破拆工具	5			
	了解弹能破拆工具	5			
	了解其他破拆工具	5			
破拆营救策略	熟悉制定破拆方案	10			
	掌握快速破拆法	20			
	掌握安全破拆法	20			
破拆注意事项	熟悉破拆时应注意的事项	10			
总得分		100			

任务五　应急疏散技术

【任务实施】

一、应急疏散指示标志

《消防安全疏散标志设置标准》规定,消防安全疏散标志是指用于火灾时人员安全疏散时有指示作用的标志,主要用于引导、提示疏散人员在应急疏散过程中的路线和方向或警示疏散人员避免误入危险的区域。

(一)疏散标志

疏散标志是用于指示疏散方向和(或)位置、引导人员疏散的标志,一般由疏散通道方向标志、疏散出口标志或两种标志组成,如图2-43所示。标志内容应清晰、简洁、明确,并与所要表达的内容相一致,不应相互矛盾或重复。消防安全疏散标志应设置在醒目位置,不应设置在经常被遮挡的位置,疏散出口、安全出口等疏散指示标志不应设置在可开启的门、窗或其他可移动的物体上。

(a)正向　　　　　　　　　　(b)右向

(c)左向　　　　　　　　　　(d)双向

图2-43　疏散标志

疏散导流标志应沿疏散通道和通向安全出口或疏散出口的设计路线设置。当正常照明电源中断时,疏散导流标志应能在1 s内自动切换成应急照明电源。

(二)警示标志

警示标志是警告和提示疏散人员采取合适安全疏散行为的标志。比如:"小心台阶""小心地滑""疏散通道,严禁堵塞"等,如图2-44所示。

图 2-44　疏散警示标志

（三）应急照明灯

应急照明灯是在正常照明电源发生故障时，能有效地照明和显示疏散通道，或能持续照明而不间断工作的一类灯具，如图 2-45 所示。应急照明灯的作用是当出现紧急情况，如地震、失火或电路故障引起电源突然中断，所有光源都已停止工作，此时，它必须立即提供可靠的照明，并指示人流疏散的方向和紧急出口的位置，以确保滞留在黑暗中的人们顺利地撤离。

图 2-45　消防应急照明灯

应急照明灯必须备有两个电源，即正常电源和紧急备用电源。紧急备用电源一般由自备发电和蓄电池供给，如采用蓄电池时，其连续供电时间不能小于 20 min。

二、疏散平面图

疏散平面图是以楼层平面图为基础，对图中所标示区域的详细图示。应急疏散平面图的作用是帮助人们确定自己的位置，并根据规划好的疏散路线紧急撤离。

（一）设计要求

（1）疏散平面图应依照设施的疏散预案进行设计，并应满足场所内人员的特定需求。

（2）疏散平面图上应标出观察者的确切位置。

（3）疏散平面图应为彩色图。

（4）疏散平面图的比例尺取决于设施的大小、图示的详细程度以及疏散平面图的预期设置位置。所使用的比例尺不应小于以下数据：

大型设施为 1∶250；中小型设施为 1∶100；单个房间内显示的平面图为 1∶350。

（5）在成套的疏散平面图中，所有相同区域的图示应一致。

（6）为了获得足够的清晰度和醒目度，疏散平面图上的垂直照度在正常照明条件下不应低于 50 lx。在正常照明发生故障时能够提供应急照明的条件下，由普通材料或磷光材料构成的疏散平面图上的垂直照度不应低于 5 lx。

（7）疏散平面图的底色应使用白色安全色或符合 GB/T 2893.1—2013 表 4 规定的磷光白色。

（8）疏散平面图的最小尺寸应为 297 mm×420 mm（A3），当疏散平面图设置在单个房间内时其尺寸可缩小到 210 mm×297 mm（A4）。疏散平面图尺寸的容许偏差为 5%。

（9）疏散平面图的内容应是最新的。

（10）疏散平面图上显示的方位应与观察者相关，以便使位于图上左侧的位置实际也位于观察者的左侧，位于图上右侧的位置实际也位于观察者的右侧。

（11）在疏散平面图上表示安全条件和消防设备时应使用安全标志，所使用的安全标志应与设施内安全条件或消防设备的安装位置上使用的安全标志相同，且应符合 ISO 7010 的规定。

（12）疏散平面图应包含图例。

（13）疏散平面图应具有图名，图名中应包含中文"疏散平面图"字样。

（14）疏散平面图应显示出集合点的位置，并使其成为疏散详图或总平面图的一部分。

（二）疏散平面图内容

1. 图名

每个疏散平面图都应有图名。图名的文字宜使用中文或同时使用中文和英文，在少数民族自治区域可增加当地通用的民族文字。图名中的英文既可以用大写字母也可以用小写字母。

2. 总平面图

除非小型设施的疏散详图本身就是该设施的概览图，否则每个疏散平面图中都应包含一个总平面图。

总平面图应包含：集合点的位置；整个设施或场所的平面图，图中突出显示疏散详图所包含的特定部分；周围区域（如道路、停车场及其他建筑物等）的简化图示。

总平面图的大小不应超出疏散平面图面积的 10% 。

3. 疏散详图

疏散详图是疏散平面图中的主体部分。疏散详图应包含：设施相关部分的楼层平面图、所有横向的及纵向的紧急出口门和疏散路线、观察者的位置、楼梯的位置、供残障人士使用的所有特殊疏散设备、紧急消防设备及应急救援设备、作为建筑特征的电梯位置。

4. 安全通告

疏散平面图应始终伴有消防安全通告和应急安全通告。安全通告可位于疏散平面图内或位于疏散平面图旁。

5. 图例

疏散平面图上应显示图例，图例应给出疏散平面图上使用的安全标志、图形符号及颜色的含义。疏散平面图示例如图 2-46 所示。

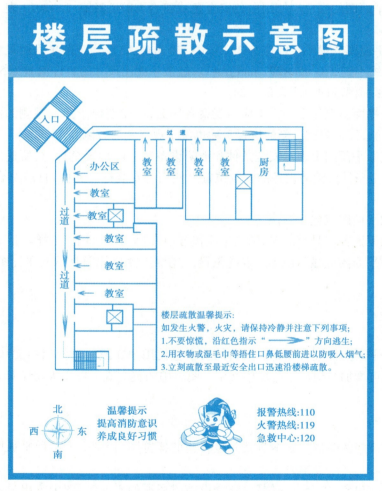

图 2-46　疏散平面图示例

6. 其他信息

疏散平面图上还应包含图的设计者、设施名称、楼层名称、图的设计日期和修订编号、图编号。

7. 颜色的使用

（1）疏散路线

方向箭头应使用符合 GB/T 2893.1—2013 规定的绿色安全色。疏散路线应使用与箭头有足够对比度的淡绿色突出显示。在使用磷光材料时，可通过将疏散路线半色调或增加阴影线等绘图方法，使疏散路线的方向箭头在黑暗环境中依然清晰可见。

（2）安全标志

安全标志应使用符合 GB/T 2893.1—2013 规定的安全色。

（3）观察者的位置

观察者的位置应使用 GB/T 2893.1—2013 规定的蓝色安全色。

（4）背景色

背景色应使用符合 GB/T 2893.1—2013 规定的白色或磷光白色。

（5）设施结构要素的轮廓线

设施结构要素轮廓线的颜色应为黑色。

（6）图名

图名区域应使用符合 GB/T 2893.1—2013 规定的绿色安全色，图名文字应使用符合 GB/T 2893.1—2013 规定的对比色。

（7）文字

文字通常的颜色应为黑色。为了突出显示某些文字，可使用其他颜色。

三、应急疏散技巧

应急疏散是应对突发事件减少人员伤亡的关键。在遭遇火灾等突发事故时，采取恰当的应急疏散方法能最大限度地减少人员伤亡，反之，不但会增加很多不必要的人员伤亡，还会增加救援难度。

1. 发现火灾先报警

一旦火灾发生，不能因为惊慌而忘记报警，要立即按警铃或打电话。报警越早、越快、越清楚，损失越小。

2. 保持冷静不惊慌

被大火围困时，千万不要惊慌，必须树立坚定的逃生信念和必胜的信心，绝不能采取盲目跳楼等错误行为。要保持冷静的头脑和稳定的心态，设法寻找逃生机会逃出火场。

3. 择路逃生不盲从

逃生路线的选择要做到心中有数，不能盲目追从别人而慌乱逃窜，这样会延误顺利撤离的时间，还容易影响别人引起骚乱。逃生时要选择路程最短、障碍少而又能安全快速抵达建筑物室外地面的路线。

4. 逃离险情不恋财

时间就是生命,火灾袭来时,生命攸关,没有什么东西比生命重要,请迅速撤离危险区,不要因贪恋财物而丧生。

5. 注意防护避烟毒

据资料表明,火灾死亡人数中80%是由于烟毒引起的。因此,逃生时要加强个人防护,防止和减少烟、气的吸入。应用水将毛巾等浸湿,捂住口鼻,防止吸入有毒烟、气。用水浸湿地毯等包裹好身体,就地滚出火焰区逃生。

6. 逃生避难看环境

所处的环境突发火灾逃生困难时,封闭楼梯间、防烟楼梯及前室、阳台等是临时避难场所。千万不可滞留走廊、普通楼梯间等烟火极易波及而又没有消防保护设施的地带。

7. 逃离火场防践踏

在逃生过程中,极容易出现聚堆、拥挤,甚至相互践踏的现象,造成通道堵塞和发生不必要的人员伤亡,故在逃生过程中应遵循依次逃离原则。

8. 利用条件找出路

要充分利用楼内各种消防设施,如防烟楼梯间、封闭楼梯间、连通式阳台、避难层(间)等。都是为逃生和安全疏散创造条件、提供帮助的有效设施,火灾时应充分加以利用。

9. 穿过烟区弯腰跑

火场当中烟的蔓延方向是上升到建筑楼层的顶部后沿墙下降至地面,最后只在走廊中心剩下一个圆形空间。一般烟能把整个空间充满是要一定时间的,利用这个时间可以成功逃生,所以在逃生过程中要弯腰跑,千万不要站立行走。

10. 电梯逃生不可行

发生火灾后,千万不要乘坐电梯逃生。因为一般电梯不能防烟绝热,加之起火时最容易发生断电,人在电梯内是十分危险的。消防电梯则是供消防队员灭火救援使用的,一旦消防人员启用消防专用按钮,各楼层的按钮都将同时失效。

11. 逃生途中不乱叫

不要在逃生中乱跑乱窜,大喊大叫,这样会消耗大量体力,吸入更多的烟、气,还会妨碍正常疏散而发生混乱,造成更大的伤亡。

12. 身上着火不乱跑

身上着火千万不能奔跑,因为越跑补充的氧气越充分,身上的火就越大,也不可将灭火器对准人体喷射,这样可能导致身体感染或加重中毒,可以就地打滚或用厚重的衣物压灭火焰。

13. 室内着火闭门窗

发生火灾时不能随便开启门窗,防止新鲜空气大量涌入,火势迅速蔓延,甚至发生轰燃。

14. 不到关头不跳楼

高楼着火不要轻易跳楼,一般在二、三楼跳楼还有一点生还的希望,在四楼及以上跳楼生还的机会就很小了,所以当大楼发生大火时不要惊慌失措,盲目跳楼。

15. 披毯裹被冲出去

火势不大,要当机立断披上浸湿的衣服或裹上湿毛毯、湿被褥勇敢地冲出去。千万别披塑料雨衣等易燃、可燃化工制品。

16. 顾全大局互救助

自救与互救相结合,当被困人员较多,特别是有老、弱、病、残、孕、儿童在场时,要积极主动帮助他们首先逃离危险区,有秩序地进行疏散。

【任务小结】

本任务主要学习应急疏散指示标志、疏散平面图、应急疏散的技巧等内容。学生通过本任务内容的学习,能够全面掌握编制应急疏散平面图、火灾事故现场应急自救和互救等知识,具备火灾事故现场自救和互救、组织协调火灾现场事故救援能力。

【思考与讨论】

1. 周末在家,楼下突发火灾,我们该怎么办?
2. 为什么发生火灾时不能乘坐电梯逃生?

【学习评价】

技能要点	评价关键点	分值/分	自我评价（20%）	小组互评（30%）	教师评价（50%）
应急疏散指示标志	熟悉疏散标志	10			
	熟悉警示标志	10			
	熟悉应急照明灯	10			
应急疏散平面图	熟悉设计要求	10			
	掌握平面图内容	40			
应急疏散技巧	理解疏散过程中的注意事项	20			
总得分		100			

项目三　事故现场急救技术

【项目描述】

现场急救技术是指在意外灾害或者突发疾病现场,为了防止伤情恶化,减少痛苦和预防休克等对受伤人员所采取的一系列必要而及时的初步抢救措施,又称院前急救技术。

在意外事故现场往往伴随人员受伤,如果伤者没有得到妥善处理,现场急救技术不及时、不到位,可能会给伤者造成不可挽回的损伤;相反,如果现场进行心肺复苏、止血、包扎、骨折固定等急救技术不仅能减少伤者的痛苦,也能为伤者争取更大的生存希望,因此学好现场急救技术对保障生命安全有重大的意义。

目前我国公民对现场急救方面存在普及程度不高、操作不够规范等问题,本项目介绍止血、包扎、骨折固定、伤者搬运、心肺复苏和窒息急救方法和操作技巧,培养学生在事故应急过程中如何使用现场急救技术进行自救和互救的能力。

【学习目标】

知识目标:

1.了解现场急救技术常用的装备和耗材。

2.熟悉现场急救技术的原则和流程。

3.掌握现场急救技术的止血、包扎、骨折固定、伤者搬运、心肺复苏和窒息急救方法的原理和操作技巧。

技能目标:

1.具备根据伤情判断并选择正确的现场急救方法的能力。

2.遇到事故会使用这些急救方法。

素养目标:

1.养成精益求精、勤学苦练的精神。

2.具有良好的团队协作能力和沟通能力。

3.具备耐心、专注、坚持的工作态度。

任务一　止血技术

【任务实施】

一、出血的基础知识

血液是生命的源泉,人体的血液占人体体重的7%~8%,一个成年人的全身血液总量为4 000~5 000 mL,短期内出血超过40%(1 600 mL)以上,可造成重度休克,甚至死亡,具体见表3-1。

表3-1　出血的临床表现

出血量		症状	意识
出血量<10%	约400 mL	无明显症状,可自动代偿	正常
出血量<20%	约800 mL	脉搏加快,面色苍白	轻度休克
出血量<40%	约1 600 mL	呼吸增快,面色苍白,脉搏快而弱,口唇紫绀	中度休克
出血量>40%	1 600 mL以上	脉搏细而弱,摸不清,反应迟钝,昏迷甚至死亡	重度休克

身体有自然的生理止血机制,对于出血量不大的小伤口如毛细血管、小血管破裂的出血均可在生理止血机制的作用下停止出血。然而对于出血量较大的伤口单靠生理止血机制则不能有效止血,需要进行紧急止血。

二、出血的分类

(一)按出血部位分类

内出血:体表见不到血液。血液由破裂的血管流入组织、脏器或体腔内。胸、腹腔内大血管破裂,或肺、肝、脾脏等内脏破裂伤和颅内出血等内出血,出血量难以估计,且易被忽视,危险性极大。

外出血:体表可见到血液。血管破裂后,血液经皮肤损伤处流出体外。

外出血和内出血可同时存在,但没有外出血不一定就没有内出血。

(二)按出血时间分类

原发性出血:受伤后的当时出血。

继发性出血:在原发性出血停止后,间隔一段时间,再发生出血。

(三)按出血血管分类

动脉出血:血液为鲜红色,随着脉搏而冲出,呈喷射状,出血速度快、量大,若不及时处理,会危及生命。

静脉出血:血液为暗红色,缓缓外流或涌出,具有持续性,出血速度稍慢、量中等,若不及时处理可引起失血性休克。

毛细血管出血:血液为鲜红色,呈渗出状,出血量较小,大多能自行凝固止血。

三、止血方法

(一)指压止血法

指压止血法是一种简单、有效的临时性止血方法,它是根据动脉的走向,在出血伤口的近心端,用手指压住动脉按向附近骨骼处,达到临时止血的目的。采用此法时,救护人员必须熟悉人体各部位血管出血的压血点。人体出血按压点示意图如图 3-1 所示。

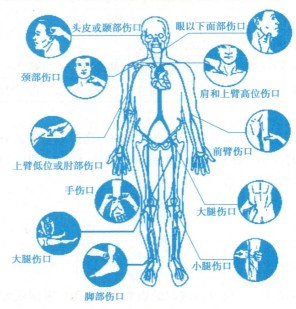

图 3-1 人体出血按压点示意图

指压止血法适用于头部、颈部、四肢的动脉出血,根据出血部位的不同,可分为:

(1)头顶部出血:在伤侧耳前约 1 指处,对准下颌关节上方,用拇指压迫颞动脉。头顶后部出血则压迫耳后突起下方稍外侧的耳后动脉。

(2)颜面部出血:用拇指压迫下颌角处的面动脉。面动脉在下颌骨下缘下颌角前方约 3 cm 处。

(3)头颈部出血:用拇指将伤侧的颈动脉向后压迫,严禁同时压迫两侧的颈动脉,否则会造成脑缺血坏死。

（4）肩腋部出血：在锁骨上窝对准第一肋骨用拇指向下压迫锁骨下动脉。

（5）前臂出血：一手将患肢抬高，另一手用拇指压迫上臂的肱动脉。

（6）手掌出血：抬高患肢，用两手拇指分别压迫腕部的尺动脉、桡动脉。

（7）手指出血：压迫手指根部两侧的指动脉。

（8）下肢出血：用两手拇指重叠向后用力压迫大腿上端腹股沟中点稍下方的股动脉。

（9）足部出血：用两手拇指分别压迫足背中部近踝关节处的足背动脉和内踝与跟腱之间的胫后动脉。

各种指压止血法如图 3-2—图 3-10 所示。

图 3-2　头顶部出血（颞浅动脉）

图 3-3　颜面部出血（面动脉）

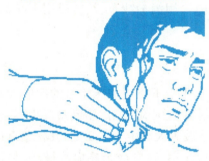

图 3-4　头颈部出血（颈动脉）

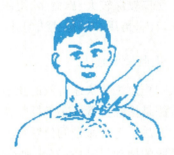

图 3-5　肩腋部出血（锁骨下动脉）

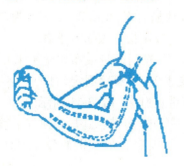

图 3-6　前臂出血（肱动脉）

图 3-7　手掌出血（尺动脉、桡动脉）

图 3-8　手指出血（指动脉）　　图 3-9　下肢出血（股动脉）　　图 3-10　足部出血（胫后动脉）

（二）加压包扎止血法

加压包扎止血法主要用于静脉、毛细血管和小动脉血管出血，出血速度和出血量不是很快、很大的情况。止血时先用消毒纱布、棉垫、绷带、毛巾等折叠成比伤口稍大的垫子放在伤口的无菌敷料上，再用绷布或三角巾适度加压包扎。松紧要适中，以能达到止血目的为宜，以免因过紧影响必要的血液循环，而造成局部组织缺血性坏死，或过松达不到控制出血的目的。当伤口在肘窝、腋窝、腹股沟时，可在加垫后屈肢固定在躯干上加压包扎止血。

（三）填塞止血法

对于伤口较深较大、出血多、组织损伤严重的伤口，用消毒纱布、敷料或用干净的布料，填塞在伤口内，再用加压包扎法包扎。

（四）止血带止血法

止血带止血法是快速有效的止血方法，但它只适用于不能用加压止血的四肢大动脉出血。其方法是用橡皮管或布条捆扎伤口出血部位或伤口近心端动脉，阻断动脉血运，达到快速止血的方法。上止血带的位置在上臂上 1/3 处，下肢为大腿中上 1/3 处，其松紧度以摸不到远端动脉的搏动，伤口刚好止血为宜，过松无止血作用，过紧会影响血液循环，易损伤神经，造成肢体坏死。上止血带的伤者要有明显标志，并明确标明上止血带的部位和时间；为防止伤肢缺血坏死，上完止血带后，每隔 40 ~ 50 min 放松一次，每次 2 ~ 3 min，为避免放松止血带时大量出血，放松时动作应尽量缓慢，放松期间可改用指压法临时止血。

（1）橡胶止血带止血法：常用一条长 1 m 的橡皮管，先用绷带或布块垫平上止血带的部位，两手将止血带中段适当拉长，绕出血伤口上端肢体 2 ~ 3 圈后固定，打"V"字结，借助橡皮管的弹性压迫血管而达到止血的目的。橡胶止血带止血法如图 3-11 所示。

（2）布条止血带止血法：又叫绞紧止血法，常用三角巾、布带、毛巾、衣袖等平整地缠绕在加有布垫的肢体上，拉紧或用木棒、筷子、笔杆等绞紧固定。布条止血带止血法如图 3-12 所示。

图 3-11　橡胶止血带止血法

图 3-12　布条止血带止血法

止血带止血法为止血的最后一种方法,必须在采用其他方法不能止血或难以采用其他止血方法时方可使用,操作时要注意使用的材料、止血带的松紧程度、标记时间等问题。

四、止血操作的注意事项

(1)首先准确判断出血位置及出血量,再采取对应的方法止血。

(2)大血管损伤时常需几种止血方法联合使用。

(3)选用止血带止血法时,禁止用电线、铁丝、绳子等无弹性物替代止血带。皮肤与止血带之间不能直接接触,止血带松紧适宜,定时放松,并用标签注明止血带的时间和放松止血带的时间。

(4)布料止血带无弹性,要特别注意防止肢体损伤,不可一味增加压力。

【任务小结】

本任务主要学习伤口止血的相关知识,具体介绍了出血的基础知识、出血的分类、止血方法和注意事项等内容。学生通过本任务内容的学习,能够全面掌握现场紧急止血的知识和技能,具备止血的救援能力。

【思考讨论】

1.为什么要在其他止血法无效时才能采用止血带止血法?

2.出血的有效止血方法有哪些?

【学习评价】

技能要点	评价关键点	分值/分	自我评价 （20%）	小组互评 （30%）	教师评价 （50%）
出血的基础知识	熟悉出血量	10			
出血的分类	熟悉按出血部位分类	10			
	熟悉按出血时间分类	10			
	熟悉按出血血管分类	10			

续表

技能要点	评价关键点	分值/分	自我评价 （20%）	小组互评 （30%）	教师评价 （50%）
止血方法	掌握指压止血法	20			
	了解加压包扎止血法	5			
	了解填塞止血法	5			
	掌握止血带止血法	20			
止血操作的注意事项	理解操作过程中的注意事项	10			
总得分		100			

任务二　包扎技术

【任务实施】

包扎是各种外伤中最常用、最重要、最基本的急救技术之一。快速、准确地将伤口包扎，是外伤救护的重要一环。包扎的目的是压迫止血、保护伤口、防止感染、固定骨折，保护内脏、血管、神经、肌腱，减少疼痛，有利于伤口早期愈合。

一、包扎材料

无菌敷料：防止感染，封闭伤口，防止绷带和三角巾直接接触伤口，增加伤者痛苦。

创可贴：主要用于包扎出血量少、较小且不深的伤口。

绷带：一般用于包扎受伤的肢体或关节。

三角巾：有一顶角和两个底角，主要用于包扎、悬吊受伤的肢体，固定敷料，固定骨折。

四头带：中间部分长 20 cm（实际操作以伤口大小为准），外有四条带作固定。

临时代用品：干净的手巾、手帕、衣物、腰带、领带。

二、包扎方法

（一）绷带包扎

绷带包扎法的用途广泛，主要适用于四肢和头部伤口的包扎。包扎的目的是限制患处活动、固定敷料和夹板、加压止血、保护伤口、减轻疼痛、防止伤口感染等。

1. 环形包扎法

此法主要用于创面较小的伤口,也可用于绷带包扎方法的起始和结束。操作步骤:

(1)伤口用无菌或干净的敷料覆盖,固定敷料。

(2)将绷带打开,第一圈环绕稍作斜状,大致倾斜45°;并将第一圈斜出一角压入环形圈内环绕第二圈。

(3)加压绕肢体绕4～5圈,每圈盖住前一圈,绷带缠绕范围要超出辅料边缘。

(4)最后将绷带多余的部分剪掉,用胶布粘贴固定,也可将绷带尾端从中央纵行剪成两个布条,然后打结。

2. 螺旋包扎法

此法主要用于包扎粗细相差不大的部位。操作步骤:

(1)伤口用无菌或干净的敷料覆盖,固定敷料。

(2)先按环形法缠绕两圈固定。

(3)从第三圈开始,上缠每圈盖住前圈1/3或2/3呈螺旋形。包扎时应用力均匀,由内而外扎牢。包扎完成时应将盖在伤口上的敷料完全遮盖。

(4)最后以环形包扎结束。

3. 螺旋反折包扎法

此法主要用于包扎粗细相差比较悬殊的部位。操作步骤:

(1)伤口用无菌或干净的敷料覆盖,固定敷料。

(2)先按环形法缠绕两圈固定。

(3)然后将每圈绷带反折,盖住前圈1/3,依此由下而上地缠绕。

(4)折返时按住绷带上面正中央,用另一只手将绷带向下折返,再向后绕并拉紧,绷带折返处应避开伤口。

(5)最后以环形包扎结束。

4. 关节"8"字包扎法

此法主要用于包扎脚踝、手掌和其他关节部位。以肘关节为例,操作步骤:

(1)伤口用无菌或干净的敷料覆盖,固定敷料。

(2)先在肘关节中部环形包扎两圈固定。

(3)绷带先绕至关节上方,再经屈侧绕到关节下方,过肢体背侧绕至肢体屈侧后再绕到关节上方,如此反复,呈"8"字连续在关节上下包扎,每圈与前一圈重叠2/3。

(4)最后在关节上方环形包扎两圈,用胶布固定。

5. 回返包扎法

此法主要用于包扎没有顶端的部位,如截肢残端、指端、头部等。操作步骤:

(1)伤口用无菌或干净的敷料覆盖,固定敷料。

(2)环形包扎两周固定。

（3）右手将绷带向上反折与环形包扎垂直，先覆盖残端中央，再交替覆盖左右两边，左手固定住反折部分，每周覆盖上周 1/3 ~ 1/2。

（4）再将绷带回返至起始位置环形包扎两周，用胶布固定。

各种绷带包扎法如图 3-13—图 3-17 所示。

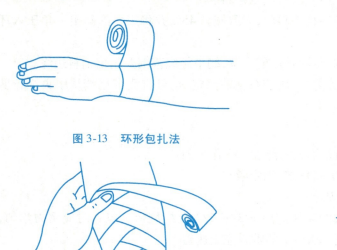

图 3-13　环形包扎法　　　　　　　　　　图 3-14　螺旋包扎法

图 3-15　螺旋反折包扎法　　　　　　　　图 3-16　关节"8"字包扎法

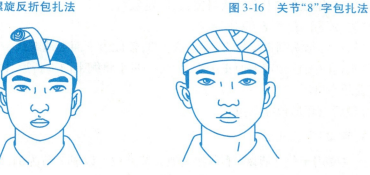

图 3-17　回返包扎法

6. 绷带包扎的注意事项

（1）做每项操作时，都要确认现场环境是否安全，做好个人防护。只有现场环境安全才可以进行救护。

（2）包扎伤口动作要"轻、快、准、牢，先盖后包、不盖不包"。

（3）包扎用力应适当、均匀。绷带不能太松，不然会固定不住纱布。如果没经验，打好绷带后，看看身体远端有没有变凉、有没有浮肿等情况。

（4）打结时，不要在伤口上方，也不要在身体背后，并避开特殊部位。

（5）在没有绷带而必须包扎的情况下，可用毛巾、手帕、床单（撕成窄条）、长筒尼龙袜子等代替绷带包扎。

（6）包扎四肢时应从远心端向近心端进行。

（二）三角巾包扎

三角巾包扎主要用于较大创面、不便于用绷带包扎的伤口包扎和止血，如头、肩膀、躯干等部位。

1. 帽式包扎法

此法主要用于头部包扎，操作步骤：

（1）将三角巾底边反折约3指宽。

（2）将底边中点部分放前额，与眉平齐，顶角拉至头后，将两角在头后交叉，再拉至前额伤口另一侧打结固定。

（3）左手虎口按住前额三角巾底边，右手拉住顶角适当用力将三角巾拉紧。将顶角向上反折数次后塞进两角交叉处。

2. 面部包扎法

此法主要用于面部包扎，操作步骤：

（1）三角巾顶角打一结，将顶角放头顶处。

（2）将三角巾覆盖面部，底边两角拉向枕后交叉，在前额打结。

（3）在覆盖面部的三角巾对应部位开洞，露出眼、鼻、口。

3. 肩部包扎法

此法主要用于肩部的包扎，操作步骤：

（1）将三角巾一底角拉向健侧腋下。

（2）顶角覆盖患肩并向后拉，用顶角上的带子，在上臂1/3处缠绕。

（3）再将底角从患侧腋后拉出，绕过肩胛与底角在健侧腋下打结。

4. 胸部包扎法

单胸包扎法，操作步骤：

（1）将三角巾底边横放在胸部，顶角超过患肩，并垂向背部。

（2）两底角在背后打结，再将顶角带子与之相接。

双胸包扎法，操作步骤：

（1）将三角巾折成燕尾状。

（2）两燕尾向上，平放于胸部，两燕尾在颈后打结。

（3）将顶角带子拉向对侧腋下打结。

5. 大手挂包扎法

此法一般用于前臂、上臂的外伤的包扎和固定。操作步骤：

（1）先将三角巾张开，顶角朝伤侧肘部方向。

（2）边角绕过颈部，将另一侧的边角提起，包住伤侧前臂，在伤侧的锁骨上窝处打结，在打结的地方加一个棉垫进行衬垫。

（3）大手挂的高度调整至小于 90°，最后整理一下露出手指指尖，便于观察血液循环，在肘部将三角巾收好。

6. 小手挂包扎法

此法一般用于手部、肩关节和锁骨的包扎和固定。操作步骤：

（1）先将三角巾张开，放在伤者的身体上，包过伤侧肢体的上 1/3，再把手包进去。

（2）绕过肩胛骨，在没有受伤一侧的锁骨上窝处打结，打结的部位加上一个衬垫。

（3）小手挂的角度是上臂和前臂呈 45°。最后检查一下血液循环的情况。

各种三角巾包扎法如图 3-18—图 3-23 所示。

图 3-18　帽式包扎法

图 3-19　面部包扎法

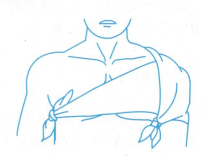

图 3-20　肩部包扎法

图 3-21　单胸、双胸包扎法

图 3-22 大手挂包扎法

图 3-23 小手挂包扎法

7. 三角巾包扎的注意事项

（1）包扎伤口时不要触及伤口，以免加重伤者的疼痛、伤口出血及感染。

（2）包扎时松紧适宜，以免影响血液循环，同时须防止敷料脱落或移动。

（3）注意包扎要妥帖、整齐，保证伤者舒适，并保持在功能位置。

【任务小结】

本任务主要学习包扎的知识，具体介绍了两种包扎方法：绷带包扎法和三角巾包扎法，又将这两种方法根据包扎部位和包扎方式等内容进行了详细讲解。学生通过本任务内容的学习，能够全面掌握不同部位、不同方式的包扎知识和包扎技能，具备对伤口实施初期包扎的救援能力。

【思考讨论】

包扎之前，是否要对伤口进行清理？ 如果是，如何进行清理？

【学习评价】

技能要点	评价关键点	分值/分	自我评价（20%）	小组互评（30%）	教师评价（50%）
绷带包扎	熟悉绷带包扎的材料	5			
	能针对不同的伤口选择正确的绷带包扎方法	25			
	能按照操作步骤正确包扎伤口	15			
	动作快速轻柔，不触碰伤口	5			
三角巾包扎	能针对不同的伤口选择正确的三角巾包扎方法	20			
	能按照操作步骤正确包扎伤口	25			
	动作快速轻柔，不触碰伤口	5			
总得分		100			

任务三 骨折固定技术

【任务实施】

骨折固定用于骨折或骨关节损伤,避免骨折片损伤血管、神经,减轻伤者痛苦,防止休克,以便于伤者的搬运转移。若有较重的软组织损伤,也宜将其局部固定。

骨骼受到外力打击,骨的完整性和连续性遭受破坏,发生完全或部分断裂称骨折。按骨折断端是否与外界相通分为闭合性骨折和开放性骨折。

闭合性骨折:骨折断端未刺穿皮肤与空气不相通。

开放性骨折:骨折断端刺穿皮肤与空气相通。

一、骨折固定材料

夹板:常用的夹板有木制、铁制、塑料制等。现场无夹板可就地取材,采用木板、树枝、书本等作为临时固定材料。如无任何物品亦可固定于伤者躯干或健肢上。

敷料:敷料一般有两种,一种是作衬垫用的,如棉花、衣服、布;另一种是用来绑夹板的,如三角巾、绷带、腰带等。绝对禁止使用铁丝之类的东西。

二、骨折固定方法

要根据现场的条件和骨折的部位采取不同的固定方式。固定要牢固,不能过松或过紧。在骨折和关节突出处要加衬垫,以加强固定和防止皮肤损伤。

(一)前臂骨折固定

物品准备:夹板2块、三角巾4条(3条折成4指宽)。

操作步骤:用2块有垫夹板分别放在前臂的掌侧和背侧,前臂处于中立位,屈肘90°,用3~4条三角巾缚扎夹板,在同侧打结固定,再用大悬臂带把前臂挂在胸前,如图3-24所示。

图3-24 前臂骨折固定

图3-25 上臂骨折固定

(二)上臂骨折固定

物品准备:夹板1块、三角巾5条(4条折成4指宽)。

操作步骤:用1块夹板放于上臂外侧,从肘部到肩部,放衬垫,再用绷带或三角巾固定上下两端,屈肘位悬吊前臂,指端露出以便检查血液循环,如图3-25所示。

(三)小腿骨折固定

物品准备:夹板(长度为从大腿中部到足跟)2块、三角巾5条(折成4指宽)。

操作步骤:将夹板放置于骨折小腿外侧,在膝关节、髋关节骨突处放棉垫保护,空隙处用柔软物品填实,然后固定伤口上下两端,固定膝、踝关节,以关节"8"字法固定踝关节,夹板底端再固定,露出趾端以便检查末梢血液循环,如图3-26所示。

图3-26 小腿骨折固定

(四)大腿骨折固定

物品准备:长夹板(长度由腋下到足跟)1块,短夹板1块,三角巾7条(折成4指宽)。

操作步骤:用两块夹板,长夹板从伤侧腋窝到外踝,短夹板从大腿根内侧到内踝;在腋下、膝关节、踝关节骨突处放棉垫保护,空隙处用柔弱物品填实;用7条三角巾固定,先固定骨折上下两端,然后固定腋下、腰部、髋部、小腿及踝部;以关节"8"字法固定脚踝(即将宽带置于踝部,环绕足背交叉,再经足底中部绕回至足背打结);最后露出趾端以便检查血液循环。

如只有一块木板,则放于伤腿外侧,从腋下到外踝,内侧夹板用健肢代替,两下肢间加衬垫,固定方法与以上相同,如图3-27所示。

图3-27 大腿骨折固定

(五)脊柱骨折固定

物品准备:木板、三角巾5条(折成4指宽)。

操作步骤:脊柱骨折后,不能轻易移动伤者,应依照伤后的姿势作固定。俯卧时,以"工"字方式将竖板紧贴脊柱,将两横板压住竖板分别横放于两肩上和腰骶部,在脊柱的凹凸部加上柔软物品,先固定两肩,并将三角巾的末端在胸前打结,然后,再用三角巾固定腰骶部。伤者仰卧时,如不需搬动,可在腰下、膝下、足踝下及身旁放置软垫,再用三角巾固定身体位置,如图3-28所示。

图 3-28   脊柱骨折固定

（六）骨折固定的注意事项

（1）凡疑有骨折的伤者,都应按骨折处理。

（2）除有生命危险,如面临爆炸、起火、有毒气体、淹溺等,均应就地抢救。

（3）有大出血时,应先止血、包扎,然后固定骨折部位。

（4）发现伤者休克或昏迷时,应先抢救生命,然后再处理骨折。

（5）骨折固定时,不要盲目复位,以免加重损伤程度。

（6）严禁将露在伤口外面的骨折断端送回到伤口内。

（7）固定器材的长度与宽度要合适,松紧度要适宜,以固定的三角巾或布带能上下移动1～2 cm为佳,固定后不能使伤肢有麻木感或肢端变色、发凉等。固定时应将肢体末端外露,以便观察肢体血运状况。

（8）用来固定骨折的夹板不可与皮肤直接接触,要用纱布、棉花等柔软物品垫在夹板与皮肤之间,在夹板两端及骨骼突起部位也应加软垫。

（9）固定骨折所需夹板的长度与宽度,要与骨折肢体相适合。其长度一般需超过上、下两个关节。

（10）固定的范围应包括伤部附近的上、下两个关节,绷带和三角巾不要直接绑在骨折处。

【任务小结】

本任务主要学习骨折固定的相关知识,具体介绍了骨折固定的材料、骨折固定的方法、不同骨折固定的方式以及骨折固定的注意事项等内容。学生通过本任务内容的学习,能够掌握事故现场对骨折或疑似骨折的伤者实施现场急救方面的知识,具备各类骨折伤情处理的救援能力。

【思考讨论】

1. 开放性骨折在骨折固定时应注意什么?

2. 伤者大腿骨折,附近找不到夹板,怎么办?

3.家里没有制式夹板,哪些物品可以作为临时骨折固定的材料?

【学习评价】

技能要点	评价关键点	分值/分	自我评价（20%）	小组互评（30%）	教师评价（50%）
骨折固定	能根据现场条件,就地取材	10			
	能按照操作步骤,正确处理前臂骨折	20			
	能按照操作步骤,正确处理大腿骨折	20			
	能按照操作步骤,正确处理小腿骨折	20			
	能按照操作步骤,正确处理脊柱骨折	20			
	熟悉骨折固定的注意事项	10			
总得分		100			

任务四　伤者搬运技术

【任务实施】

　　伤者经过现场的初步急救处理后,要尽快送至医院做进一步的救治,这就需要搬运转送。搬运转送工作做得正确、及时,不但能使伤者迅速地得到较全面的检查、治疗,同时,还能减少在这个过程中病情的加重和变化。搬运转送不当,轻者,延误了对伤者及时的检查治疗;重者,伤情、病情恶化甚至造成死亡,使现场抢救工作前功尽弃。

一、担架搬运

运送伤者时,如果有担架或者能制作简易担架可供使用时,尽量借助担架搬运伤者。

（一）担架分类

1.铲式担架

铲式担架由左右两片铝合金板组成,如图3-29（a）所示。搬运伤者时,先将伤者平卧位放置,固定颈部,然后分别将担架的左右两片铝合金板从伤者侧面插入背部,扣合后再进行搬运。

2.升降担架、走轮担架

升降担架和走轮担架为目前救护车内装备的担架,如图3-29(b)所示,该类担架符合病情需要,便于患者与伤者躺卧。该类型担架自身重量较重,搬运时费力。

3.负压充气垫式固定担架

负压充气垫式固定担架是搬运多发骨折及脊柱损伤伤者的最好工具,如图3-29(c)所示。充气垫可以适当地固定伤者的全身。使用时先将垫充气后铺平,再将伤者放在垫内,抽出袋内空气,气垫即可变硬,同时伤者就被牢靠地固定在其中,并可在搬运途中始终保持稳定。

4.篮式担架

篮式担架也叫"船型担架",市面上常见的有两种类型:铝合金型与合成树脂型;它的造型与其名称相似,像一艘小船,如图3-29(d)所示。搬运被困人员时,被困人员被置于担架内,担架在四周"突起"边缘配合正面的扁带将被困人员"封闭"在担架内部。这样不会因担架的位移(如翻转、摇晃)而使被困人员脱离担架。在安全性的背后,也存在一些隐患。如被困人员过胖,且捆绑在其正面的扁带过紧,如果捆绑时间过长,则容易引发被困人员胸闷、窒息。

5.卷式担架

卷式担架也叫"多功能担架",它与篮式担架在使用上相似,但质量更轻(8～12 kg)且可以卷缩在滚筒或背包中携带,如图3-29(e)所示。它的原料是特种合成树脂,有抗腐蚀性,一般是橘黄色。

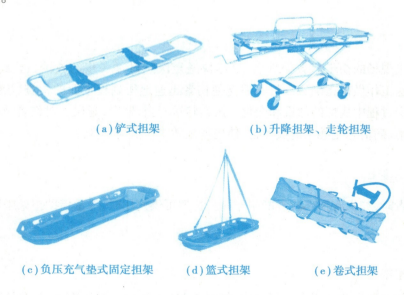

(a)铲式担架　　　　　　(b)升降担架、走轮担架

(c)负压充气垫式固定担架　　(d)篮式担架　　(e)卷式担架

图3-29　各类担架

（二）担架搬运方法

担架搬运需三人及三人以上，具体步骤为：

（1）搬运者三人并排单腿跪在伤者身体一侧，同时分别把手臂伸到伤者的肩背部、腹臀部、双下肢的下面，然后同时起立，始终使伤者的身体保持水平位置，不得使身体扭曲。

（2）起立、行走、放下等搬运过程，需第四人或者搬运者三人中指定一人，担任指挥者，发布口令。

（3）口令发出后，三人同时抬起伤者的肩背部、腹臀部、双脚，同时迈步，并将伤者放在硬板担架上。发现或怀疑颈椎损伤者应再有一人专门负责牵引、固定头颈部，不得使伤者头颈部前屈后伸、左右摇摆或旋转。四人动作必须一致，同时平托起伤者，再同时放在担架上。

（4）系好担架的保险带。

（5）两人抬担架，其中一人在伤者一侧，随时观察伤者伤情。两位担架员步伐要交叉，即前者先跨左脚时，后者应先跨右脚，上坡时，伤者头在前，下坡时，伤者头在后，并时常观察伤者情况。

担架搬运方法，如图 3-30 所示。

图 3-30　担架搬运方法

二、徒手搬运方法

（一）单人搬运

（1）扶行法：适宜清醒、没有骨折、伤势不重、能自己行走的伤者。

方法：救护者站在伤者身旁，将伤者一侧上肢绕过自己的颈部；用手抓住伤者的手，另一只手绕到伤者背后，搀扶行走。

（2）背负法：适用老幼、体轻、清醒的伤者。如有上下肢、脊柱骨折禁用此法。

方法：救护者背向伤者蹲下，让伤者将双臂从救护员肩上伸到胸前，两手紧握。救护员抓住伤者的大腿，慢慢站起来，保持背部挺直。

（3）抱持法：适用于年幼的伤者、体轻没有骨折的伤者和伤势不重的伤者，是短距离搬运的最佳方法。如有脊柱或大腿骨折禁用此法。

方法：救护者蹲在伤者的一侧，面向伤者，一只手放在伤者的大腿下，另一只手从伤者的腋下绕到背后，然后将其轻轻抱起。

各种单人搬运方法如图 3-31—图 3-33 所示。

图 3-31　扶行法　　　　　图 3-32　背负法　　　　　图 3-33　抱持法

（二）双人搬运

（1）轿杠式：适用于清醒的伤者。

方法：两名救护者面对面各自用右手握住自己的左手腕。再用左手握住对方的右手腕，然后蹲下，让伤者将两上肢分别放到两名救护者的颈后，再坐到相互握紧的手上。两名救护者同时站起，行走时同时迈出外侧的腿，保持步调一致。

（2）双人拉车式：适用于意识不清的伤者。

方法：两名救护者，一人站在伤者的背后将两手从伤者腋下插入，交叉于伤者胸前，把伤者抱在怀里，另一人反身站在伤者两腿中间将伤者两腿抬起，两名救护者一前一后地行走。

轿杠式和双人拉车式搬运如图 3-34、图 3-35 所示。

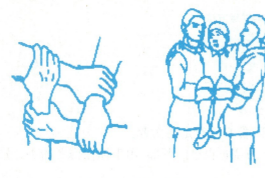 

图 3-34　轿杠式搬运　　　　　　　　　图 3-35　双人拉车式搬运

（三）三人或四人搬运

1. 三人同侧运送

方法：三名救护者站在伤者的一侧，一名救护者双手托住伤者的头部、肩部，一名救护者双手托住伤者的腰部、臀部，一名救护者双手托住伤者的膝部、踝部。三名救护者同时单膝跪地，分别抱住伤者肩、后背、臀、膝部，然后同时站立抬起伤者。

2. 四人异侧运送

方法：三名救护者站在伤者的一侧，分别在头、腰、膝部，第四名救护者位于伤者的另一侧腰部。四名救护者同时单膝跪地，分别抱住伤者颈、肩、后背、臀、膝部，再同时站立抬起伤者。

三、搬运患者的体位

1. 仰卧位

对所有重伤者，均可采用这种体位。

（1）搬运脑血管病患者时，应采取平卧位，必须轻抬轻放，行进途中严禁颠起患者。

（2）搬运意识不清或呕吐患者时，宜采取平卧位或侧卧位，但头必须偏向一侧，以防止呕吐物窒息。

（3）搬运心脏病患者时，不可大幅度快速挪动，动作必须轻缓，杜绝发生让患者紧张的粗鲁搬运动作。

（4）搬运休克患者时，要头低位，脚高位，严禁将患者头部高高抬起。

（5）搬运上下肢骨折的患者时，动作必须轻缓，禁止以粗鲁动作拉、抬患肢，以减轻患者疼痛为原则。搬运途中禁止颠起患者。保持患者平稳、安全。

（6）搬运颈椎骨折的患者时，必须在颈部可靠、固定下才能搬运。

（7）搬运腰椎骨折的患者时，必须应用铲式担架，患者采取平卧位。行进途中不可过快，绝对禁止颠起患者。

（8）搬运神志不清、躁动患者时，患者应采取平卧位，捆绑可靠，以防止患者摔下担架。

（9）搬运腹壁缺损的开放伤的伤者，当伤者喊叫屏气时，肠管会脱出，让伤者采取仰卧屈曲下肢体位，防止腹腔脏器脱出。

2. 侧卧位

在排除颈部损伤后，对有意识障碍的伤者，可采用侧卧位。防止伤者在呕吐时，呕吐物吸入气管。伤者侧卧时，可在其颈部垫一枕头，保持中立位。

3. 半卧位

对不能平卧位搬运的心衰患者和仅有胸部损伤的伤者，可采用半卧位，以利于伤者呼吸。

4. 俯卧位

对胸壁广泛损伤，出现反常呼吸而严重缺氧的伤者，可以采用俯卧位，以压迫、限制反常呼吸。

5.坐位

搬运左心衰、哮喘、呼吸困难、胸腔积液患者时,必须采用坐位,严禁强行平放患者。

四、搬运注意事项

(1)搬运伤者之前要检查伤者的生命体征和受伤部位、胸部有无外伤,特别是颈椎是否受到损伤。

(2)必须妥善处理好伤者,首先要保持伤者呼吸道的通畅,然后对伤者的受伤部位按照技术操作规范进行止血、包扎、固定。处理得当后,才能搬动。

(3)在人员、担架等未准备妥当时,切忌搬运。搬运体重过重或神志不清的伤者时,要考虑全面。防止搬运途中发生坠落、摔伤等意外。

(4)在搬运过程中要随时观察伤者的病情变化。重点观察呼吸、神志等,注意保暖,但不要将头面部包盖太严,以免影响呼吸。

【任务小结】

本任务主要学习伤者搬运的技术,具体介绍了担架搬运、徒手搬运两类方法,以及搬运伤者的体位、搬运时的注意事项等内容。学生通过本任务内容的学习,能够掌握担架搬运、单人徒手搬运、双人徒手搬运及多人徒手搬运等技术技能,具备各类伤者搬运的救援能力。

【思考讨论】

现场没有担架,如何用几种简单的工具制作简易担架?

【学习评价】

技能要点	评价关键点	分值/分	自我评价 (20%)	小组互评 (30%)	教师评价 (50%)
伤者搬运	熟悉伤者搬运时需要用到的工具	10			
	能按照操作步骤,正确操作徒手搬运	20			
	能按照操作步骤,正确掌握单人徒手搬运	20			
	能按照操作步骤,正确掌握双人徒手搬运	20			
	能按照操作步骤,正确掌握多人搬运	20			
	熟悉搬运伤者的体位	5			
	了解伤者搬运过程中的注意事项	5			
总得分		100			

<h1 style="text-align:center">任务五　心肺复苏技术</h1>

【任务实施】

一、心肺复苏基础知识

心肺复苏是对心脏骤停的患者合并使用胸外按压、人工呼吸进行急救的救命技术，目的是恢复患者自主呼吸和自主循环。

心脏骤停发生后，全身重要器官将发生缺血、缺氧。特别是脑血流的突然中断，在 10 s 左右患者即可出现意识丧失，4 ~ 6 min 时脑循环持续缺氧开始引起脑组织的损伤，而超过 10 min 时将发生不可逆的脑损伤。

心肺复苏成功率与开始抢救的时间密切相关。从理论上来说，对心源性猝死者，每分钟大约 10% 的正相关性：

心脏骤停 1 min 内实施心肺复苏的成功率大于 90%；

心脏骤停 4 min 内实施心肺复苏的成功率约 60%；

心脏骤停 6 min 内实施心肺复苏的成功率约 40%；

心脏骤停 8 min 实施心肺复苏的成功率约 20%，且侥幸存活者可能已"脑死亡"；

心脏骤停 10 min 实施心肺复苏成功率几乎为 0。

二、心肺复苏技术

（一）心肺复苏实施要领

1. 现场评估

在现场救助伤者，首要的问题是评估现场是否有潜在的危险。如有危险，应尽可能解除。例如：在交通事故现场设置路障，在火灾现场需防止房屋倒塌砸伤。还要注意意外事故的成因，防止继发意外事故，主要通过看、听、闻、思考的方式进行。

2. 靠近伤者判断意识

判断伤者有无意识与反应，如图 3-36 所示。轻拍伤者肩部，并高声呼叫："喂！你怎么啦？"

伤者如无反应，立即拨打急救电话"120"。如现场只有一名抢救者，应同时高声呼救、寻求旁人帮助。对于溺水、创伤、药物中毒的伤者,先进行徒手心肺复苏 1 min 后,再拨打急救电话求救。

图 3-36　判断伤者有无意识

3. 将伤者放置适当体位

将伤者摆放成仰卧位。

注意:如果需要将伤者身体整体转动,必须要保护好其颈部,身体平直,无扭曲,放于平地面或硬板床上。

4. 判断颈动脉和呼吸

判断颈动脉和呼吸的方法:抢救者靠近施救侧,单侧触摸,时间不少于 5 s 不大于 10 s,判断时用余光观察伤者的胸廓起伏。具体方法是食指及中指先摸到喉结处,再向外滑至同侧气管与颈部肌肉所形成的沟中,如图 3-37 所示。如无颈动脉搏动和呼吸,则立即开始胸部按压和人工呼吸。若呼吸、心跳存在,仅为昏迷,则摆成复原体位,保持呼吸道通畅。

图 3-37　检查颈动脉

5. 胸外按压

(1)按压平面:硬质平面(如平板或者地面)。

(2)按压者位置:伤者右侧。

(3)按压部位:两乳头连线和胸骨柄交点。

（4）按压姿势：双臂伸直，垂直下压。

（5）按压幅度：5~6 cm。

（6）按压频率：100~120 次/min。

（7）按压间隔：压松相等，比为 1:1，间隙期不加压。

（8）按压连贯：按压过程中尽量减少中断。

（9）按压周期：30 次为一循环，时间 15~18 s，保持双手位置固定。

（10）按压比例：压/通比例为 30:2。

现场按压图如图 3-38 所示。

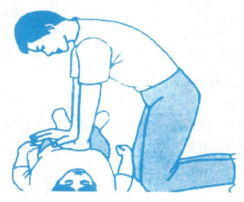

图 3-38　现场按压图

6. 清理口腔

确定伤者没有脊柱受伤，使伤者头部偏向一侧，清除口腔异物，然后摆正头型。

7. 开放气道

（1）准备工作：如伤者意识不清，喉部肌肉就会松弛，舌肌就会后坠，阻塞喉咙及气道，使呼吸时发出响声（如打鼾声），甚至不能呼吸。因舌肌连接下颚，将下颚托起，可将舌头拉前上提，防止气道阻塞。解开伤者上衣、腰带，暴露胸部。开放气道另一个重要工作是要清除口腔内异物，具体要求如下：主要包括手指掏出异物、腹部按压—卧位、腹部按压—站位，如图 3-39 所示。

 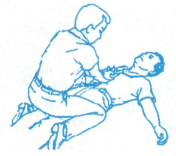 

（a）手指掏出异物　　　（b）腹部按压—卧位　　　（c）腹部按压—站位

图 3-39　各种清除口腔异物方法

（2）开放气道的方法有以下几种：

①压额提颏：用一只手按压伤者的前额，使头部后仰；同时用另一只手的食指及中指将下颏托起，使其下颌和耳垂连线与地面垂直，如图3-40所示。

注意：手不可放在伤者的颏下软组织。

图3-40　压额提颏法

图3-41　托颈压额法

②托颈压额法：具体示意图如图3-41所示。

注意：头颈部损伤者禁用。

③创伤推颌法（托颌法）：如怀疑伤者头部或颈部受伤，首先须固定颈椎。压额提颏法可能会移动颈椎，增加脊髓神经受伤的可能。可以采用创伤推颌法，颈部固定在正常位置，并同时用双手手指托起下颌角，如图3-42所示。

图3-42　创伤推颌法

8.人工呼吸

口对口人工呼吸法，如图3-43所示。

图3-43　口对口人工呼吸法

（1）在保证呼吸道通畅后让伤者口部张开。

（2）抢救者跪伏在伤者的一侧，用一只手的掌根部轻按伤者前额保持头后仰，同时用拇指和食指捏住伤者鼻孔。

（3）抢救者深吸一口气后，张开口紧紧包绕伤者的口部，使口鼻均不漏气。

（4）深吸气后，用力快速向伤者吹气（1 s以上），使胸廓隆起，看到伤者胸部上升，停止吹气。让伤者被动呼出气体。

（5）一次吹气完毕后，抢救者口应立即与伤者口部脱离，同时捏鼻翼的手松开（掌根部仍按压伤者前额部），以便伤者呼气时可同时从口和鼻孔出气，确保呼吸道通畅。

（6）抢救者轻轻抬起头，眼视伤者胸部，此时伤者胸廓应向下塌陷。然后抢救者再吸入新鲜空气，做下一次吹气。成人吹气量：400～600 mL；吹气频率：每6 s一次或维持在10～12次/min。

9. 按压吹气连续5个循环

按压吹气连续5个循环，完成后对伤者做进一步评估。

10. 心肺复苏法的选择

（1）有轻微呼吸和轻微心跳的伤者，不用做人工呼吸，观察其病变，可用油擦拭身体，轻轻按摩。

（2）有心跳、无呼吸的伤者——用口对口人工呼吸法。

（3）有呼吸、无心跳的伤者——用胸外心脏按压法。

（4）呼吸、心跳全无的伤者——用胸外心脏按压与口对口人工呼吸法配合。

（二）心肺复苏的注意事项

1. 人工呼吸的注意事项

（1）人工呼吸一定要在气道开放的情况下进行。

（2）向伤者肺部吹气不能太急太多，仅需胸廓隆起即可，吹气量不能过大，以免引起肺部扩张。

（3）吹气时间以占一次呼吸周期的1/3为宜。

2. 心脏复苏的注意事项

（1）防止并发症。心脏复苏并发症有急性胃扩张、肋骨或胸骨骨折、肋骨软骨分离、肺损伤、肝破裂、心包压塞等，故要求判断准确、监测严密、处理及时、操作正规。

（2）按压用力要均匀，不可过猛，按压和放松所需时间相等。每次按压后必须完全解除压力，胸部间回到正常位置。心脏按压节律、频率不可忽快忽慢，保持正确的按压位置，同时观察伤者反应及面色的改变。

（三）心肺复苏成功指标

（1）颈动脉搏动。若停止按压，触摸伤者颈动脉，脉搏恢复搏动，说明伤者自主心跳已恢复。

（2）面色转红润。伤者面色、口唇、皮肤颜色由苍白或紫绀转为红润。

（3）意识渐渐恢复。伤者昏迷变浅，眼球活动，出现挣扎，或给予强刺激后出现保护性反射动作，甚至手足开始活动，肌张力增强。

（4）出现自主呼吸。应注意观察，有时很微弱的自主呼吸不足以满足肌体供氧需要，如果不进行人工呼吸，则可能很快又停止呼吸。

（5）瞳孔变小。扩大的瞳孔变逐渐小，并出现对光的反射。

【任务小结】

本任务主要学习心肺复苏技术的相关知识，具体介绍了心肺复苏基础知识、心肺复苏实施要领、心肺复苏注意事项等内容。学生通过本任务的学习，能够全面掌握心肺复苏等知识，具备对突发性心脏骤停的伤者应急处理的能力和向公众普及心肺复苏技术的能力。

【思考讨论】

1. 心肺复苏技术要领有哪些？
2. 作为一名救护人员，如何向公众普及心肺复苏等急救技术？

【学习评价】

技能要点	评价关键点	分值/分	自我评价（20%）	小组互评（30%）	教师评价（50%）
心肺复苏实施要领	现场评估	10			
	靠近伤者判断意识	10			
	将伤者放置适当体位	10			
	判断颈动脉和呼吸	10			
	胸外按压	10			
	清理口腔	10			
	开放气道	10			
	人工呼吸	10			
	按压吹气连续5个循环	10			
	心肺复苏成功指标	10			
总得分		100			

任务六　窒息急救技术

【任务实施】

急性呼吸道异物堵塞在生活中并不少见,由于气道堵塞后患者无法进行呼吸,故可能导致人因缺氧而意外死亡,本任务将重点讲述窒息急救方法——海姆立克急救法。

海姆立克急救法即海姆立克腹部冲击法,也称为海氏手技,是美国医生海姆立克先生发明的。1974 年他首先应用该法成功抢救了一名因食物堵塞了呼吸道而发生窒息的患者,从此该法在全世界被广泛应用,拯救了无数患者,其中包括美国前总统里根、纽约前任市长埃德、著名女演员伊丽莎白·泰勒等。因此该急救法被人们称为"生命的拥抱"。

一、判断征象

可以询问患者:"你被东西卡住了吗?",如果患者点头表示"是",可立刻实施海姆立克法抢救;如果患者无法回答,可通过以下征象判断:

(1)气体交换不良或无气体交换;

(2)微弱、无力的咳嗽或完全没有咳嗽;

(3)吸气时出现尖锐的噪声或完全没有噪声;

(4)呼吸困难;

(5)面部发绀。

二、海姆立克急救法

(一)婴儿海姆立克急救法

当发现婴儿出现呼吸困难、面色青紫等情况时,首先需判定婴儿是否属于异物梗塞。采用仰头举颌法开放气道,进行人工呼吸,若患儿的胸部不能起伏,则判定为呼吸道异物梗塞。采取如下急救程序:

(1)将婴儿骑跨在一侧前臂上,同时手掌固定其后颈部,用另一手固定婴儿下颌角,使头部轻度后仰打开气道。

(2)两手前臂将婴儿翻转为俯卧位,用手掌根叩击婴儿背部肩胛 4～5 次,检查口腔,如异物咳出,迅速采用手取异物法处理。

(3)如果异物未咳出,则两手前臂将婴儿反转为仰卧位,在婴儿两乳头连线下一拇指处,用中指和食指快速冲击按压 4～5 次,检查口腔,如异物咳出,则迅速用手取出。

(4)如异物未能咳出,重复背部叩击和胸部冲击多次,如图 3-44 所示。

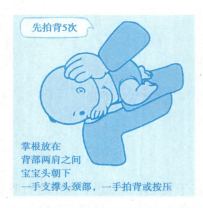
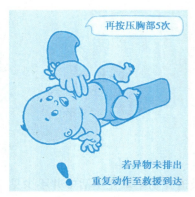

图 3-44　婴儿海姆立克急救法

背部叩击和胸部冲击,均利用腹部—膈肌下软组织,被突然冲击时,产生向上的压力,压迫两肺下部,从而驱使肺部残留空气形成一股冲击性气流,将堵住气管、喉部的食物硬块等异物排出,使婴儿获救。这种施救方式,没有场地限制,不需要医疗器械辅助,操作简单、成功率高。

注意:请勿将婴儿双脚抓起倒吊从后部拍打,这样不仅无法排出异物,还可能造成颈椎受损。

(二)儿童海姆立克急救法

(1)在孩子背后,双手放于孩子肚脐和胸骨间,一手握拳,另一手包住拳头。

(2)双臂用力收紧,瞬间按压孩子胸部。

(3)持续几次按压,直到气管阻塞解除,如图 3-45 所示。

图 3-45　儿童海姆立克急救法

(三)成人海姆立克急救法

1.患者可以站立

(1)施救者站在患者背后,将患者双手置于喉部。

(2)施救者用左手将患者背部轻轻推向前,使患者处于前倾位,头部略低,嘴要张开,有利于呼吸道异物排出。

（3）双手环抱患者的腰部，右手握拳抵住患者的肋骨下缘和肚脐之间，左手置于拳头上并握紧，将患者揽入怀中。

（4）双手急速、冲击性地向内上方压迫其腹部，反复有节奏、有力地进行，以形成气流把异物冲出，如图3-46所示。

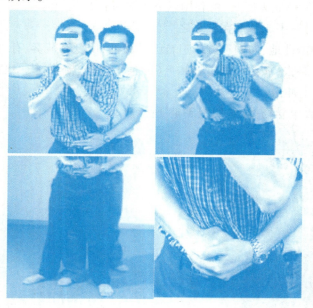

图3-46　成人海姆立克急救法（站立位）

2. 患者无法站立

如果发现患者意识不清卧位在地，或是患者在站立位不便于操作者进行施救时，取患者于仰卧位。

（1）首先开放患者的呼吸道。

（2）然后救护者骑跨在患者大腿外侧，一手以掌根按压脐上两横指（肚脐与剑突之间）的部位，另一手掌覆盖其手掌之上。

（3）进行冲击性地、快速地向前上方压迫，反复至呼吸道异物被冲出，如图3-47所示。

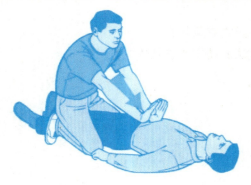

图3-47　成人海姆立克急救法（仰卧位）

（4）检查口腔，如异物已经被冲出，迅速用手指从口腔一侧把呼吸道异物取出，及时检查呼吸心跳，如无心跳，应立即行心肺复苏术。

3. 自救

如果自己是患者，孤立无援时，可利用以下手法自救：

（1）一手握拳，另一手成掌按在拳头之上。

（2）双手急速冲击性地、向内上方压迫自己的腹部，反复有节奏、有力地进行。

（3）或稍稍弯下腰去，靠在一固定物体上（如桌子边缘、椅背、扶手栏杆等），以物体边缘压迫上腹部，快速向上冲击。

（4）重复数次，直至异物排出，如图3-48所示。

图3-48　成人海姆立克急救法（自救）

【任务小结】

本任务主要学习海姆立克急救的相关知识，具体介绍了婴儿海姆立克急救法、儿童海姆立克急救法、成人海姆立克急救法等内容。学生通过本任务内容的学习，能够掌握不同人群的海姆立克急救技术。

【思考讨论】

1. 如何对孕妇实施海姆立克急救？

2. 成人海姆立克急救法的动作要领是什么？

【学习评价】

技能要点	评价关键点	分值/分	自我评价（20%）	小组互评（30%）	教师评价（50%）
海姆立克急救法操作	正确使用婴儿海姆立克急救法	20			
	正确使用儿童海姆立克急救法	20			
	正确使用成人（站立位）海姆立克急救法	20			
	正确使用成人（仰卧位）海姆立克急救法	20			
	正确使用海姆立克自救法	20			
总得分		100			

项目四　火灾事故应急与救护技术

【项目描述】

在社会生活中,火灾已成为威胁公共安全、危害人民群众生命财产的一种多发性灾害。据统计,全世界每天发生火灾 1 万起左右,死亡 2 000 多人,伤 3 000~4 000 人,每年火灾造成的直接财产损失达 10 多亿元。尤其是造成几十人、几百人死亡的特大恶性火灾不断发生,给国家和人民群众的生命财产造成了巨大的损失。总结以往造成群死群伤及重大经济损失的特大火灾的教训,其中最根本的一点是要提高人们火场疏散与逃生的应急能力。一旦火灾降临,在浓烟毒气和烈焰包围下,不少人葬身火海,面对滚滚浓烟和熊熊烈焰,只要冷静机智地运用火场自救与逃生知识,就有极大可能拯救自己和他人。

本项目主要学习火灾事故基础知识、火灾事故的应急处置、灭火器的使用、消火栓的使用等内容,重点培养学生处置火灾的能力。

【学习目标】

知识目标:

1. 了解火灾发生的条件、燃烧类型和发展阶段。

2. 掌握火灾扑救的原则和灭火的方法。

3. 掌握灭火器的使用。

4. 掌握消火栓的使用。

技能目标:

1. 具备处置火灾的能力。

2. 具备使用灭火器、消火栓灭火的能力。

素养目标:

1. 养成积极有效的协调、管理和沟通能力。

2. 具有良好的团队协作能力。

3. 具备耐心、专注、坚持的工作态度。

任务一　火灾事故的基础知识

【任务实施】

一、燃烧的基本知识

火灾是在时间和空间上失去控制的燃烧,因此,火灾是一种燃烧现象,研究火灾就必须研究燃烧现象。

(一)燃烧的本质

燃烧,俗称"着火"。人们通过长期用火实践和大量的科学实验证明,燃烧是可燃物质与氧化剂作用发生的一种放热发光的剧烈化学反应,通俗地说,燃烧就是放热发光的化学反应过程。

燃烧是可燃物与氧化剂发生作用的放热反应,通常伴有火焰、发光或发烟现象。可燃物在燃烧过程中,生成了与原来物质完全不同的新物质。

$$C+O_2 \xrightarrow{\text{燃烧}} CO_2$$

$$2H_2+O_2 \xrightarrow{\text{燃烧}} 2H_2O$$

$$CH_4+2O_2 \xrightarrow{\text{燃烧}} CO_2+2H_2O$$

燃烧不仅在空气中(氧存在时)能发生,有的可燃物在其他氧化剂中也能发生燃烧。例如,氢就能在氯气中燃烧:

$$H_2+Cl_2 \xrightarrow{\text{燃烧}} 2HCl$$

燃烧具有三个特征,即化学反应、放热和发光。通电的电炉和灯泡虽然有发光和放热现象,但没有进行化学反应,只是进行了能量的转化,故不是燃烧;生石灰遇水发生了化学反应,并且放出了大量的热,但它没有发光现象,它也不是燃烧。这些现象虽然不是燃烧,但在一定条件下,可作为着火源引起燃烧或引发火灾。

(二)燃烧的基本条件

燃烧需要一定的条件,如果不具备一定的条件,燃烧就不会发生。人们在同火灾长期斗争的实践中发现,任何物质要发生燃烧,必须具备下列三个基本条件(亦称三要素),即可燃物、助燃物(氧化剂)和点火源。

产生一闪即灭的现象。

发生闪燃是因为易燃或可燃液体在闪燃温度下蒸发的速度比较慢,蒸发出来的蒸气仅能维持一刹那的燃烧,来不及补充新的蒸气维持稳定的燃烧,因而一闪就灭了。

(2)着火:可燃物与着火源接触引起持续燃烧的现象。着火是燃烧的开始,并且以出现火焰为特征。

着火是日常生活中最常见的燃烧现象,如用打火机点燃柴草、汽油、液化石油气,就会引起它们着火。

(3)自燃:可燃物质在空气中没有外部火花、火焰等火源的作用,靠自身发热或外来热源引发的自行燃烧现象。

(4)爆炸:指物质由一种状态迅速转变成另一种状态,并在瞬间释放出巨大的能量,或气体、蒸气在瞬间发生剧烈膨胀的现象。

(四)火灾发展的基本过程

无论哪种形式的火灾,它们都包括着火、火势增大、烟气蔓延、火焰熄灭等过程。我们把火灾的发展大体分成初期增长阶段、充分发展阶段及减弱阶段。

1. 初期增长阶段

刚起火时,火区的面积不大,其燃烧状况与敞开环境中的燃烧差不多。如果不及时扑救,火区将逐渐扩大。不久,其规模便扩大到房间体积明显影响燃烧状况的阶段。也就是说,房间的通风状况对火区继续发展的影响越来越明显。在这一阶段中,室内的平均温度还比较低,因为总的热释放速率不高,不过在火焰和着火物体附近已出现局部高温区。

如果房间的通风状况良好,火灾将逐渐发展到一个重要的转变阶段——轰燃。这时室内所有的可燃物都将起火。轰燃的出现标志着室内火灾已由初期增长阶段转变到充分发展阶段。与火灾的其他主要阶段相比,轰燃所占时间是比较短暂的,对应着温度—时间曲线陡升的那一小段时间。

2. 充分发展阶段

火灾进入这一阶段后,燃烧强度仍在增强,热释放速率逐渐达到某一最大值,室内温度经常会升到800 ℃以上,因而可以严重损坏室内的设备及建筑物本身的结构,甚至造成建筑物的部分毁坏或全部倒塌。另一方面,高温烟、气还会携带着相当多的可燃挥发组分从起火室的开口窜出,从而引起邻近房间或相邻建筑物起火。

3. 减弱阶段

这是火灾逐渐冷却的阶段。一般认为,此阶段是从室内平均温度降到其峰值的80% 左右时开始的。这是可燃物的挥发组分大量消耗而致使燃烧速率减小的结果。随后明火燃烧无法维持,可燃固体变为赤热的焦炭。这些焦炭按碳燃烧的形式继续燃烧,不过燃烧速率比较缓慢。由于燃烧放出的热量不会很快散失,室内温度仍然较高,在焦炭附近还会存在局部相当高的温度区。

若火灾尚未发展到减弱阶段就被扑灭了,可燃物还会发生热分解,而火区周围的温度在一段时间内还比平时高得多,可燃挥发组分还可以继续析出。如果达到了足够高的温度与浓度,还会再次出现明火燃烧。因此,灭火后应当注意这种"死灰复燃"问题。

二、火灾的分类和灭火的基本方法

(一)火灾的分类

1. 按燃烧对象分类

火灾按燃烧对象分类见表4-1。

表4-1　火灾按燃烧对象分类

火灾分类		材料举例
A	固体物质火灾	木材、棉、毛、麻、纸张等
B	液体或可熔化固体物质火灾	汽油、煤油、甲醇、沥青、石蜡等
C	气体火灾	煤气、天然气、甲烷、乙炔等
D	金属火灾	钾、钠、镁、钛、锂等
E	带电火灾	变压器等设备的电气火灾
F	烹饪器具内的烹饪物火灾	动物油脂、植物油脂等

2. 按火灾损失程度分类

火灾损失是指火灾导致的直接经济损失和人身伤亡。火灾直接经济损失包括火灾直接财产损失、火灾现场处置费用、人身伤亡所支出的费用。火灾直接财产损失包括建筑类损失、装置装备及设备类损失、家庭物品类损失、汽车类损失、产品类损失、商品类损失、文物建筑等保护类财产损失和贵重物品等其他财产损失。火灾现场处置费用包括灭火救援费(含灭火剂等消耗材料费、水带等消防器材损耗费、消防装备损坏费及损毁费、现场清障调用大型设备及人力费)及灾后现场清理费。人身伤亡包括在火灾扑灭之日起7日内,人员因火灾或灭火救援中的烧灼、烟熏、砸压、辐射、碰撞、坠落、爆炸、触电等原因导致的死亡、重伤和轻伤三类。

依据《生产安全事故报告和调查处理条例》(国务院令第493号)规定的生产安全事故等级标准,按照火灾事故所造成的损失严重程度不同,将火灾划分为特别重大火灾、重大火灾、较大火灾和一般火灾四个等级,见表4-2。

(1)特别重大火灾:是指造成30人以上死亡,或者100人以上重伤,或者1亿元以上直接财产损失的火灾。

(2)重大火灾:是指造成10人以上30人以下死亡,或者50人以上100人以下重伤,或者5 000万元以上1亿元以下直接财产损失的火灾。

(3)较大火灾:是指造成3人以上10人以下死亡,或者10人以上50人以下重伤,或者1 000万元以上5 000万元以下直接财产损失的火灾。

（4）一般火灾：是指造成 3 人以下死亡，或者 10 人以下重伤，或者 1 000 万元以下直接财产损失的火灾。

上述所称的"以上"包括本数，"以下"不包括本数。

表 4-2　火灾事故分类表

事故等级	死亡人数(S)/人	重伤人数(R)/人	直接经济损失(J)/元	评估风险分级
特别重大事故	$S \geqslant 30$	$R \geqslant 100$	$J \geqslant 1$ 亿	极高风险
重大事故	$10 \leqslant S < 30$	$50 \leqslant R < 100$	5 千万 $\leqslant J < 1$ 亿	
较大事故	$3 \leqslant S < 10$	$10 \leqslant R < 50$	1 千万 $\leqslant J < 5$ 千万	高风险
一般事故	$S < 3$	$R < 10$	$J < 1$ 千万	中风险

3. 按引发火灾原因分类

我国在火灾统计工作中按照引发火灾的直接原因不同，将火灾分为电气、生产作业不慎、生活用火不慎、吸烟、玩火、自燃、静电、雷击、放火、其他、原因不明十一种火灾类型。2018 年全国发生的 23.7 万起火灾的起火直接原因起数比例图，如图 4-1 所示。其中，电气引发的火灾占全年火灾起数的 34.6%，生产作业不慎引发的火灾占全年火灾起数的 4.1%，生活中因用火不慎引发的火灾占全年火灾起数的 21.5%，吸烟引发的火灾占全年火灾起数的 7.3%，玩火引发的火灾占全年火灾起数的 2.9%，自燃引发的火灾占全年火灾起数的 4.8%，静电、雷击引发的火灾占全年火灾起数的 0.1%，放火引发的火灾占全年火灾起数的 1.3%，原因不明引发的火灾占全年火灾起数的 4.2%，其他原因引发的火灾占全年火灾起数的 17.1%，起火原因仍在调查的火灾占全年火灾起数的 2.1%。

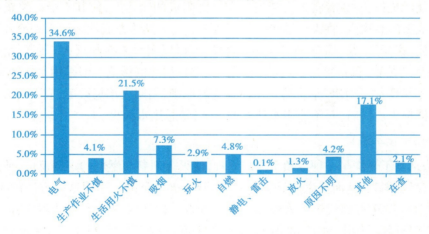

图 4-1　2018 年全国火灾直接原因起数比例图

（二）灭火的基本的方法

一切灭火方法都是为了破坏已经形成的燃烧条件，或者使燃烧反应中的游离基消失，以迅速熄灭或阻止物质的燃烧,最大限度地减少火灾损失。根据燃烧条件和同火灾作斗争的实践经验,灭火的基本方法有以下四种。

1. 隔离法

隔离法就是将正在燃烧的物质与其周围可燃烧的物质隔开或移开到安全地点,燃烧就会因缺乏可燃物而停止。这是扑灭火灾比较常用的方法,适用扑救各种火灾。

在灭火中,根据不同情况,可具体采取下列方法:

关闭可燃气体、液体管道的阀门,以减少和阻止可燃物质进入燃烧区;将火源附近的可燃、易燃、易爆和助燃物品搬走;排除生产装置、容器内的可燃气体或液体;设法阻挡流散的液体;拆除与火源毗连的易燃建(构)筑物,形成阻止火势蔓延的空间地带;用高压密集射流封闭的方法扑救井喷火灾等。

2. 窒息法

窒息法就是隔绝空气或稀释燃烧区的空气含氧量,使可燃物得不到足够的氧气而停止燃烧。它适用于扑救容易封闭的容器设备、房间、洞室和工艺装置或船舱内的火灾。

在灭火中根据不同情况,可具体采取下列方法:

用干沙、石棉被、帆布等不燃或难燃物捂盖燃烧物,阻止空气流入燃烧区,使已燃烧的物质得不到足够的氧气而熄灭;用水蒸气或惰性气体灌注容器设备稀释空气;条件允许时,也可用水淹没的窒息方法灭火;密闭起火的建筑、设备的孔洞和洞室;用泡沫覆盖在燃烧物上使之得不到新鲜空气而窒息。

3. 冷却法

冷却法就是将灭火剂(水、二氧化碳等)直接喷射到燃烧物上,将燃烧物的温度降低到可燃点以下,使燃烧停止;或者将灭火剂喷洒在火源附近的物体上,使其不受火焰辐射热的威胁,避免形成新的着火点,将火灾迅速控制和消灭。最常见的方法就是用水来冷却灭火。比如,一般房屋、家具、木柴、棉花、布匹等可燃物质都可以用水来冷却灭火。还可用水冷却建(构)筑物、生产装置、设备容器,以减弱或减少火焰辐射热的影响。但采用水冷却灭火时,应首先掌握"不见明火不射水"这个防止水渍损失的原则,当明火焰熄灭后,应不再大量用水灭火,防止水渍损失。同时,对不能用水扑救的火灾,切忌用水灭火。

4. 抑制法(化学法)

抑制法是基于燃烧是一种连锁反应的原理,使灭火剂参与燃烧的连锁反应,使燃烧过程中产生的游离基消失,从而使燃烧反应停止,达到灭火的目的。采用这种方法的灭火剂,目前主要有1211、1301等卤代烷灭火剂和干粉灭火剂。但卤代烷灭火剂对环境有一定污染,对大气臭氧层有破坏作用,生产和使用将会受到限制,各国正在研制灭火效果好且无污染的新型高效灭火剂来代替。

在火场上究竟采用哪种灭火方法,应根据燃烧物质的性质、燃烧特点和火场的具体情况以及消防器材装备的性能进行选择。有些火场,往往需要同时使用几种灭火方法,比如干粉灭火时,还要采用必要的冷却降温措施,以防复燃。

【任务小结】

　　本任务主要学习燃烧的基础知识,具体介绍了火灾的分类和灭火的基本方法。学生通过本任务内容的学习,能够掌握初期火灾扑救的基本知识,具备初期火灾的应急处理的基本能力。

【思考与讨论】

　　1. 燃烧应具备的基本条件是什么?

　　2. 火灾发展的基本过程经历了哪几个阶段?

　　3. 火灾按照燃烧对象的性质分为哪几类?

　　4. 基本的灭火方法有哪几种?

【学习评价】

技能要点	评价关键点	分值/分	自我评价（20%）	小组互评（30%）	教师评价（50%）
燃烧的基础知识	了解燃烧的本质	10			
	掌握燃烧的三要素	10			
	熟悉燃烧的类型	10			
	熟悉火灾发展的基本过程	10			
火灾分类与灭火的方法	对火灾类型进行分类	10			
	掌握灭火的基本方法	10			
	熟悉隔离法灭火	10			
	熟悉窒息法灭火	10			
	熟悉冷却法灭火	10			
	熟悉抑制法灭火	10			
总得分		100			

任务二　火灾事故的应急处置

【任务实施】

一、初期火灾的扑救原则

扑灭初期火灾可以减少火灾损失,杜绝火灾伤亡。火灾初期阶段,燃烧面积小,火势弱,如能采取正确的扑救方法,就会在灾难形成之前迅速将火扑灭。据统计,以往发生的火灾中有70%以上是由在场人员在火灾的初期阶段扑灭的。我们应该把火灾消灭在"萌芽"状态。初期火灾的扑救应遵循以下原则。

1. 先控制,后消灭

对于不能立即扑灭的火灾要首先控制火势的蔓延和扩大,然后在此基础上一举消灭火灾。例如,燃气管道着火后,要迅速关闭阀门,断绝气源,堵塞漏洞,防止气体扩散,同时保护受火威胁的其他设施;当建(构)筑物一端起火向另一端蔓延时,应从中间适当部位控制。

先控制,后消灭,在灭火过程中是紧密相连,不能截然分开的。特别是对于扑救初期火灾来说,控制火势发展与消灭火灾,二者没有明确的界限,几乎是同时进行的。应该根据火势情况与本身力量灵活运用这一原则进行灭火。

2. 救人重于救火

当火场上有人受到火势围困,首先要做的是把人从火场中救出来,即救人胜于救火。火灾实际操作中,可以根据人员和火势情况,救人和救火同时进行,但绝不能因为救火而贻误救人时机。

3. 先重点,后一般

在扑救初期火灾时,要全面了解和分析火场情况,区分重点和一般。很多时候,在火场上,重点与一般是相对的,一般来说,要分清以下情况:人重于物;贵重物资重于一般物资;火势蔓延迅猛地带重于火势蔓延缓慢地带;有爆炸、毒害、倒塌危险的方面要重于没有这些危险的方面;火场下风向重于火场上风向;易燃、可燃物集中区域重于这类物品较少的区域;要害部位重于非要害部位。

4. 快速、准确、协调作战

火灾初期越迅速、越准确靠近着火点及早灭火,越有利于抢在火灾蔓延、扩大之前控制火势、消灭火灾。

二、火灾扑救方法

火灾的初期阶段一般火势较弱,范围较小,若在初期阶段能采取有效措施,及时控制火势,就能迅速扑灭火灾。统计数据显示,70%以上的火警都是由在场人员扑灭的,如不及时扑灭,后果不堪设想,必须要想方设法将火灾扑灭在"萌芽"状态。

依据燃烧的条件,灭火分为以下几种类型。

(一)冷却灭火

冷却灭火属于物理灭火,常用水、二氧化碳作为灭火剂,直接喷射到燃烧物上,增加散热量,使温度降低至燃点以下;或喷洒在火源附近的物体上,使其免受火焰辐射热,避免形成新的着火点。冷却降温灭火,是一种主要的灭火方法。具体方法如下:

(1)利用灭火器、消防给水系统灭火,发生火灾的现场相关人员要掌握正确的操作方法。

(2)若无消防器材、消防设施时,则可就近取用盆、桶等容器传水灭火。若水少不足以灭火时,可将水洒在火点周围,淋湿周边可燃物,控制火势蔓延,赢得取水灭火的时机。

(二)窒息灭火

窒息灭火主要通过阻止空气流入燃烧区,或用不燃烧气体、不燃物质冲淡空气,使燃烧物因氧不足而熄灭。具体方法如下:

(1)用水泥、沙土、湿麻袋、湿棉被等不燃或难燃物质覆盖燃烧物,忌水物质燃烧须用沙土扑救。

(2)利用雾状水、干粉、泡沫等灭火剂喷射覆盖燃烧物。

(3)用水蒸气、二氧化碳、惰性气体(如氮气)、四氯化碳等不燃介质灌注着火的设备或容器,或喷洒到燃烧物区域内或燃烧物上。

(4)密闭起火建筑、设备和孔洞,可利用设备本身的顶盖(油罐、油桶的顶盖)等。

(三)扑打灭火

扑打灭火是扑灭地面火常用的一种方法,经济有效。用扑火工具压火,减少氧的供应,同时扫除已着火的可燃物以及火灰、火炭、火星,使未着火的可燃物脱离火源,破坏预热作用而灭火。扑打灭火要轻举重压,边打边扫,然后趁机猛扑,迅速控制火势。对固体可燃物、草地、灌木等小火,用衣服、扫帚等扑打。但对易飘浮的絮状物不宜用扑打灭火法。

(四)阻断可燃物灭火

可燃物是燃烧三要素之一,把可燃物与火源或空气隔离开,燃烧就会自动中止。阻断可燃物灭火的具体措施很多。如关闭设备、管线上的阀门,阻止可燃介质流入燃烧区;用泥土、黄沙筑堤,阻止可燃液体流向着火点;拆除与火源相毗连的易燃结构,形成空间地带阻止火势蔓延;将着火点周围的易燃易爆物质转移至安全地点等。

（五）切断电源灭火

发生电气火灾时，首先要使用绝缘工具切断电源，以防触电。同时要注意防止带负荷拉隔离开关、低压刀开关带来的问题。对于微波炉、电视机等电器火灾，断电后用棉被、毛毯等覆盖着火电器，以防电器爆炸伤人，再用水浇覆盖物，进而彻底灭火。

情况危急或受条件限制必须带电灭火时则应注意：

（1）二氧化碳、干粉等灭火器的灭火剂都不导电，可带电灭火。

（2）带电灭火时，灭火器筒体、喷嘴及人体与带电体之间应保持一定的安全距离。

（3）不能用水、泡沫灭火剂进行灭火，电流可以通过水、泡沫等电击救火人员。

（六）防止爆炸

快速冷却有爆炸危险的容器；迅速转移易燃易爆物质至安全区域；立即打开手动泄压装置进行泄压。

三、火灾应急救援重点

（一）迅速移出伤者

应使伤者立即离开烟雾环境，置于安静通风凉爽处，解开衣领、裤带，适当保温。

（二）迅速抢救生命

判断伤者伤情，清理呼吸道，保持呼吸道通畅，对心脏、呼吸停止者进行心肺复苏，给伤者吸入高浓度氧气，对中毒患者采取相关的急救措施。

（三）判断是否存在吸入性烧伤

吸入性烧伤是呼吸道吸入不完全燃烧产物所引起的化学性继发烧伤。可通过面部、颈部、胸部周围的烧伤、鼻毛烧焦，口鼻周围的烟尘痕迹等判断。

（四）保护创面

可用三角巾、干净的衣服、被单等简单包扎创面，尽量避免弄破水疱，保护表皮。严重烧伤者不需涂抹任何药水、药粉和药膏，避免后续入院治疗困难，影响诊疗效果。

（五）运送伤者

在现场对伤者进行初步处理后，应选择合适的搬运方法和工具，将伤者送到医院进一步治疗。如运转路途较远，需寻找合适轻便且简单的交通工具。运送途中应密切观察伤者状态，必要时做急救处理。伤者送到医院后，应向医务人员交代病情及急救处理过程，以便进一步诊治。

四、灭火的注意事项

（1）带电电器起火。带电电器或线路着火，要先切断电源，再用干粉或气体灭火器灭火，不可直接泼水灭火，以防触电或电器爆炸伤人。带电电器一旦起火，绝不可用水浇，可以在切断电源后，用棉被将其盖灭。

（2）油锅起火。油锅起火时应迅速关闭炉灶燃气阀门，直接盖上锅盖或用湿抹布覆盖，还可向锅内放入切好的蔬菜冷却灭火，将锅平稳端离炉火，冷却后才能打开锅盖，切勿向油锅倒水灭火。

（3）燃气罐着火。要用浸湿的被褥、衣物等捂盖火，并迅速关闭阀门。

（4）身上起火。不要乱跑，可就地打滚或用厚重衣物压灭火苗。穿过浓烟逃生时，用湿毛巾、手帕等捂住口鼻，尽量使身体贴近地面，弯腰或匍匐前进。

【任务小结】

本任务主要学习火灾应急处置的知识，具体介绍了初期火灾的扑救原则、灭火的方法、火灾应急处置的要点以及灭火时的注意事项。学生通过本任务内容的学习，初步掌握初期火灾扑救知识技能，具备初期火灾的应急处置的能力。

【思考与讨论】

1. 初期火灾的扑救原则有哪些？
2. 火灾扑救时的要点有哪些？

【学习评价】

技能要点	评价关键点	分值/分	自我评价（20%）	小组互评（30%）	教师评价（50%）
初期火灾的扑救原则	掌握初期火灾的扑救原则	10			
火灾扑救的方法	会使用冷却灭火方法	20			
	会使用窒息灭火方法	20			
	会使用阻断可燃物灭火方法	10			
	会扑救带电物体的火灾	10			
	熟悉火灾应急处置的要点	20			
	掌握灭火的注意事项	10			
总得分		100			

任务三　灭火器

【任务实施】

一、灭火器的基础知识

灭火器是能在其内部压力的作用下,将所充装的灭火剂喷出扑救火灾,并由人力进行移动的灭火器具。灭火器主要用于扑救初期火灾,初期火灾范围小、火势弱,是扑救火灾的最佳时机。

(一)灭火器的级别与类型

1. 灭火器级别

灭火器级别是表示灭火器能够扑灭不同种类火灾的效能。由表示灭火效能的数字和灭火种类的字母组成。目前,国际标准仅有 A 类和 B(C)类两大系列级别。我国现行的标准系列级别为 1 A ~ 10 A 和 21 B ~ 297 B。

2. 灭火器类型与灭火功效

灭火器主要分为以下 5 种类型。

(1)干粉灭火器:分为碳酸氢钠干粉灭火器、磷酸铵盐干粉灭火器等。干粉粉粒能吸附火焰活性基团形成不活泼的水,从而起到抑制火焰活性基团的作用。干粉灭火器利用二氧化碳或氮气作为动力,将筒内的干粉喷出灭火。干粉灭火器主要用来扑救石油及其产品、有机溶剂等易燃液体、可燃气体和电气设备的初期火灾。干粉灭火器如图 4-2(a)所示。

(2)二氧化碳灭火器:主要依靠窒息和部分冷却作用灭火。在常压下,灭火器中液态的二氧化碳会立即汽化,一般来说 1 kg 的液态二氧化碳可产生约 0.5 m^3 的气体。因此,灭火时,二氧化碳气体可排除空气而包围在燃烧物体的表面或分布于较密闭的空间中,降低可燃物周围或防护空间内的氧浓度,产生窒息作用而灭火。另外,二氧化碳从储存容器中喷出,会迅速由液体汽化成气体,从周围吸收部分热量,起到冷却作用。二氧化碳灭火器如图 4-2(b)所示。

(3)水型灭火器:分为清水灭火器、强化液灭火器等,具有冷却、稀释和冲击作用。水型灭火器一般不用来扑救可燃液体、可燃气体、带电设备和轻金属火灾;也不适宜用来扑救文物档案、图书资料、艺术作品和技术文献等物质的火灾。水型灭火器如图 4-2(c)所示。

(4)泡沫灭火器:分为蛋白泡沫(P)、氟蛋白泡沫(FP)、水成膜泡沫(S)和抗溶泡沫(AR)灭火器等,具有窒息和冷却作用。泡沫灭火器分为 MP 型手提式和 MPT 型推车式两种类型。除了能扑救一般固体物质火灾,还能扑救油类等可燃液体火灾,但不能用来扑救带电设备和有机溶剂火灾。泡沫灭火器如图 4-2(d)所示。

（5）卤代烷灭火器（不推荐使用）：分为 1211、1301 和七氟丙烷灭火器等,卤代烷分解出活性游离基参与燃烧形成稳定分子,使燃烧过程链条反应终止。目前国产主要为 1211 和 1301 两种灭火器,分为手提式和推车式两种。

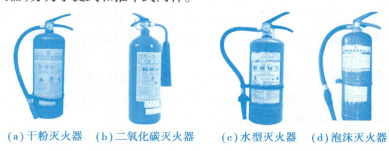

（a）干粉灭火器　　（b）二氧化碳灭火器　　（c）水型灭火器　　（d）泡沫灭火器

图 4-2　不同类型的灭火器

（二）灭火器的种类与适用范围

在火灾初期,根据不同种类的火灾,按照表 4-3 进行配套选择。

表 4-3　灭火器选择

火灾种类	灭火器类别
A 类火灾	水型灭火器、泡沫灭火器、磷酸铵盐干粉灭火器、卤代烷灭火器
B 类火灾	泡沫灭火器、磷酸铵盐干粉灭火器、碳酸氢钠干粉灭火器、二氧化碳灭火器
C 类火灾	磷酸铵盐干粉灭火器、碳酸氢钠干粉灭火器、二氧化碳灭火器、卤代烷灭火器
D 类火灾	金属火灾专用灭火器
E 类火灾	磷酸铵盐干粉灭火器、碳酸氢钠干粉灭火器、二氧化碳灭火器、卤代烷灭火器

注:非必要场所不应配置卤代烷灭火器。

二、灭火器的使用方法

1. 干粉灭火器的使用方法

使用干粉灭火器灭火时,在距离燃烧处 5 m 左右的位置,放下灭火器。如在室外,应选择站在上风方向进行喷射。

（1）使用的干粉灭火器若是储气瓶式,操作者应一手紧握喷枪,另一手提起储气瓶上的开启提环。如果储气瓶的开启是手轮式的,则向逆时针方向旋开,并旋到最高位置,随即提起灭火器。当干粉喷出后,迅速对准火焰的根部扫射灭火。

（2）使用的干粉灭火器若是储压式,操作者应先将开启把上的保险销拔下,然后握住喷射软管前端喷嘴部,另一只手将开启压把压下,打开灭火器进行灭火。在使用灭火器时,一手应始终压下压把,不能放开,否则会中断喷射。

干粉灭火器扑救可燃、易燃液体火灾时,应对准火焰根部扫射,如果被扑救的液体火灾呈流淌燃烧时,应对准火焰根部由近而远,并左右扫射,直至把火焰全部扑灭。如果可燃液体在容器内燃烧,使用者应对准火焰根部左右晃动扫射,使喷射出的干粉流覆盖整个容器开口表面;当火焰被赶出容器时,使用者仍应继续喷射,直至将火焰全部扑灭。在扑救容器内可燃液体火灾时,应注意不能将喷嘴直接对准液面喷射,防止喷流的冲击力使可燃液体溅出而扩大火势,造成灭火困难。如果当可燃液体在金属容器中燃烧时间过长,容器的壁温已高于扑救可燃液体的自燃点,此时极易造成灭火后再复燃的现象,若与泡沫类灭火器联用,则灭火效果更佳。

使用磷酸铵盐干粉灭火器扑救固体可燃物火灾时,应对准燃烧最猛烈处喷射,并上、下、左、右扫射。如条件许可,使用者可提着灭火器沿着燃烧物的四周边走边喷,使干粉灭火剂均匀地喷在燃烧物的表面,直至将火焰全部扑灭。

推车式干粉灭火器的使用方法与手提式干粉灭火器的使用方法相同。只是推车式干粉灭火器的体积相对大,灭火时间长。

2. 二氧化碳灭火器的使用方法

使用二氧化碳灭火器灭火时,在距离燃烧物 5 m 左右的位置,放下灭火器,拔出保险销,一手握住喇叭筒根部的手柄,另一只手紧握启闭阀的压把。对没有喷射软管的二氧化碳灭火器,应把喇叭筒往上扳 70°~90°。使用时,不能直接用手抓住喇叭筒外壁或金属连线管,防止手被冻伤。灭火时,当可燃液体呈流淌状燃烧时,使用者将二氧化碳灭火器的喷流由近而远地向火焰喷射。如果可燃液体在容器内燃烧时,使用者应将喇叭筒提起,从容器的一侧上部向燃烧的容器中喷射。但不能让二氧化碳射流直接冲击可燃液面,以防止将可燃液体冲出容器而扩大火势,造成灭火困难的局面。

在室外使用二氧化碳灭火器,应选择在上风方向喷射。在室内窄小空间使用时,灭火后操作者应迅速离开,以防窒息。

3. 泡沫灭火器的使用方法

使用泡沫灭火器灭火时,把泡沫灭火器迅速拿到起火现场,切记在拿的过程中勿过分倾斜,更不能横拿或颠倒,以免两种药剂提前混合而喷射出来。到达现场后,用右手按住上部,左手抓着下部,使用者站在离火源 10 m 左右的位置,将灭火器喷嘴朝向燃烧区喷射,并逐渐向前走,一直到把火焰扑灭。然后把灭火器卧放在地上,将喷嘴朝下。

4. 清水灭火器的使用方法

使用清水灭火器灭火时,在距燃烧物 10 m 左右的位置,将灭火器直立放稳。拔下保险销,用手掌拍击开启杆顶端的凸头,清水便从喷嘴喷出。当清水从喷嘴喷出时,立即用一只手提起灭火器筒盖上的提圈,另一只手托起灭火器的底圈,将喷射的水流对准燃烧最猛烈处喷射。因为清水灭火器有效喷水时间仅有 1 min 左右,所以,当灭火器有水喷出时,应迅速将灭火器提起,将水流对准燃烧最猛烈处喷射。

随着灭火器喷射距离的缩短,操作者应逐渐向燃烧物靠近,使水流始终喷射在燃烧处,直至将火扑灭。

清水灭火器在使用过程中应始终与地面保持大致垂直状态,不能颠倒或横卧,否则会影响水流的喷出。

三、灭火器的检查要求

灭火器的配置、外观等应每月进行一次检查。如果符合下列场所配置的灭火器,应每半月进行一次检查。

（1）候车（机、船）室、歌舞娱乐放映游艺等人员密集的公共场所。

（2）堆场、罐区、石油化工装置区、加油站、锅炉房、地下室等场所。

在进行灭火器检查时,应按照表4-4的要求进行。

表4-4　灭火器的主要检查内容

检查类别	检查内容和要求
配置检查	①灭火器是否放置在配置图表规定的设置点位置
	②灭火器的落地、托架、挂钩等设置方式是否符合配置设计要求。手提式灭火器的挂钩、托架安装后是否能承受一定的静载荷,并不出现松动、脱落、断裂和明显变形
	③灭火器的铭牌是否朝外,并且器头宜向上
	④灭火器的类型、规格、灭火级别和配置数量是否符合配置设计要求
	⑤灭火器配置场所的使用性质,包括可燃物的种类和物态等,是否发生变化
	⑥灭火器是否达到送修条件和维修期限
	⑦灭火器是否达到报废条件和报废期限
	⑧室外灭火器是否有防雨、防晒等保护措施
	⑨灭火器周围是否存在有障碍物、遮挡、拴系等影响取用的现象
	⑩灭火器箱是否上锁,箱内是否干燥、清洁
	⑪特殊场所中灭火器的保护措施是否完好
外观检查	⑫灭火器的铭牌是否无残缺,并清晰明了
	⑬灭火器铭牌上关于灭火剂、驱动气体的种类、充装压力、总质量、灭火级别、制造厂名和生产日期或维修日期等标志及操作说明是否齐全
	⑭灭火器的铅封、销闩等保险装置是否未损坏或遗失
	⑮灭火器的筒体是否无明显的损伤（磕伤、划伤）、缺陷、锈蚀（特别是筒底和焊缝）、泄漏
	⑯灭火器喷射软管是否完好,无明显龟裂,喷嘴不堵塞
	⑰灭火器的驱动气体压力是否在工作压力范围内（贮压式灭火器查看压力指示器是否指示在绿区范围内,二氧化碳灭火器和储气瓶式灭火器可用称重法检查）
	⑱灭火器的零部件是否齐全,并且无松动、脱落或损伤
	⑲灭火器是否未开启、喷射过

四、灭火器的报废要求

根据《灭火器维修》(GA 95—2015)规定,灭火器使用到一定时间和有损坏、锈蚀等情况的必须报废,否则会影响其效果。

1. 灭火器从出厂日期算起,达到表 4-5 所示的年限,应报废。

表 4-5 灭火器报废年限

灭火器类型	报废年限/年
水基型灭火器	6
干粉灭火器	10
洁净气体灭火器	10
二氧化碳灭火器和贮气瓶	12

注:灭火器类型包括手提式和推车式。

2. 在检查过程中,发现灭火器有下列情况之一者,应报废:

(1)永久性标志模糊,无法识别。

(2)气瓶(筒体)被火烧过。

(3)气瓶(筒体)有严重变形。

(4)气瓶(筒体)外部涂层脱落面积大于气瓶(筒体)总面积的三分之一。

(5)气瓶(筒体)外表面、联接部位、底座有腐蚀的凹坑。

(6)气瓶(筒体)有锡焊、铜焊或补缀等修补痕迹。

(7)气瓶(筒体)内部有锈屑或内表面有腐蚀的凹坑。

(8)水基型灭火器筒体内部的防腐层失效。

(9)气瓶(筒体)的联接螺纹有损伤。

(10)气瓶(筒体)水压试验不符合 GA 95—2015 中 6.5.2 的要求。

(11)不符合消防产品市场准入制度的。

(12)由不合法的维修机构维修过的。

(13)法律或法规明令禁止使用的。

【任务小结】

本任务主要学习灭火器的相关知识,具体介绍了灭火器的类型、适用范围、使用方法、检查要求和报废要求等内容。学生通过本任务的学习,能够全面掌握灭火器的使用和检查、维护、保养等知识,具备初期火灾的应急处理能力和灭火器使用、管理能力。

【思考与讨论】

1. 常用灭火器如水基型、干粉和二氧化碳灭火器的使用方法是什么?

2. 针对不同类型的场所,如何选择适用的灭火器?

3.作为一名安全管理员,应该如何做好灭火器的日常检查工作?

【学习评价】

技能要点	评价关键点	分值/分	自我评价（20%）	小组互评（30%）	教师评价（50%）
灭火器的火灾适用场所	根据不同的火灾类型选择适宜的灭火器	15			
	能在工作场所培训其他人如何选用适宜的灭火器	10			
灭火器的使用	能按照操作步骤正确使用灭火器	20			
	能进行灭火器使用培训	15			
灭火器的检查	按照检查要求,正确制订灭火器检查表	15			
	能根据灭火器检查表进行检查并整改	15			
灭火器的报废	能根据现场检查结果,针对不符合要求的灭火器进行报废	5			
	能做好报废后的处理工作	5			
总得分		100			

任务四　消火栓

【任务实施】

一、室外消火栓系统

室外消火栓系统是设置在建筑物外墙的消防给水系统,主要承担城市、集镇、居住区或企业等室外部分的消防给水任务,为消防车等消防设备提供消防用水,或通过管道为室内消防给水设备提供消防用水。该系统由消防水源、消防供水设备、室外消防给水管网和室外消火栓灭火设施组成。室外消防给水管网包括进水管、干管和相应的配件、附件。室外消火栓灭火设施包括室外消火栓、水带、水枪等。室外消火栓分类方式如下:

(1)按照结构不同,分为地上式消火栓和地下式消火栓,其标志如图4-3所示。

(2)按照压力不同,分为低压消火栓和高压消火栓。

(3)按照进水口连接形式不同,分为法兰式和承插式,如图4-4所示。

(4)按照进水口的公称通径分为100 mm 和150 mm。

图4-3　室外消火栓标志

图4-4　法兰式消火栓(左)和承插式消火栓(右)示意图

（一）系统工作原理

1. 常高压消防给水系统

常高压消防给水系统管网内需经常保持足够的压力和消防用水量。当火灾发生后,现场的人员可从设置在附近的消火栓箱内取出水带和水枪,将水带与消火栓栓口连接,接上水枪,打开消火栓的阀门,直接出水灭火。

2. 临时高压消防给水系统

在临时高压消防给水系统中,系统设有消防泵,平时管网内压力较低。当火灾发生后,现场的人员可从设置在附近的消火栓箱内取出水带和水枪,将水带与消火栓栓口连接,另一端接上水枪,打开消火栓的阀门,通知水泵房启动消防泵,使管网内的压力达到高压给水系统的水压要求,从而消火栓可投入使用。

3. 低压消防给水系统

低压消防给水系统平时管网内的压力较低,当火灾发生后,打开最近的室外消火栓,将消防车与室外消火栓连接,从室外管网内吸水加入消防车内,然后再利用消防车直接加压灭火,或者消防车通过水泵接合器向室内管网加压供水。

（二）系统设置范围

(1)在城市、居住区、工厂、仓库等的规划和建筑设计时,必须同时设计消防给水系统。城市、居住区应设市政消火栓。

(2)民用建筑、厂房(仓库)、储罐(区)、堆场应设室外消火栓。

(3)耐火等级不低于二级,且建筑物体积小于等于 3 000 m^3 的戊类厂房或居住区人数不超过 500 人且建筑物层数不超过两层的居住区,可不设置室外消防给水。

（三）系统操作方法与步骤

室外消火栓系统应按照如下步骤和操作方法进行：
(1)取出消防水带,向着火点展开,避免水带扭折。
(2)将水带靠近室外消火栓端与消火栓连接,将连接扣准确插入槽,按顺时针方向拧紧。
(3)将水带另一端与水枪连接(连接程序与消火栓连接相同),手握水枪头及水管。
(4)用室外消火栓专用扳手逆时针旋转,把螺杆旋至最大位置,对准火源喷水灭火。
(5)火灾扑灭后用扳手沿顺时针方向关闭消火栓。

二、室内消火栓系统

室内消火栓是室内消防给水管网向火场供水的带有阀门的接口,其进水端与消防管道相连,出水端与水带相连。室内消火栓系统是建筑物应用最广泛的消防设施,既可供火灾现场人员使用消火栓箱内设施扑救初期火灾,也可供消防队扑救建筑物大火。

（一）系统组成

室内消火栓系统由消防给水基础设施、消防给水管网、室内消火栓设备、报警控制设备及系统附件等组成。

1. 消防给水基础设施

消防给水基础设施包括市政管网、室外消防给水管网、室外消火栓、消防水泵、消防水池、消防水箱、水泵接合器、增压稳压设备等，如图 4-5 所示。

图 4-5　消防水泵接合器（左）和消防水泵（右）示意图

2. 消防给水管网

消防给水管网包括进水管、水平干管、消防竖管等。

3. 室内消火栓设备

室内消火栓设备包括消火栓箱、消防软管卷盘（消防水喉）、室内消火栓、消防水枪、消防水带等。

（1）消火栓箱。可明装或暗装，箱体尺寸单栓为 600 mm×800 mm、双栓为 750 mm×1 200 mm、栓口距地面 1 100 mm；栓口向外与墙成 90°，颜色为"消防红"，非燃材料制作；制作材料有普通金属、不锈钢、铝合金、石材等，如图 4-6（a）所示。

（2）消防软管卷盘（也叫消防水喉）。消防软管卷盘由小口径消火栓、输水缠绕软管和小口径水枪组成。消防水喉可设置在旅馆、办公楼、商业楼、综合楼等走道处，可安装在消火栓箱内或单独设置，如图 4-6（b）所示。

（3）室内消火栓。室内消火栓是安装在室内消防管网向火场供水并带有阀门的接口。其进水口与消防管道相连，出水口与水带连接。一般不推荐使用双出口的消火栓，若需使用，每个出口必须设有单独控制阀门，消火栓单栓、双栓如图 4-6（c）、（d）所示。

（4）消防水枪。室内消火栓配备的消防水枪，其喷嘴直径有 13 mm、16 mm、19 mm 三种，13 mm 直径配套 50 mm 水带；16 mm 直径配套 50 mm 或 65 mm 水带；19 mm 直径配套 65 mm 水带。当水枪最小流量不大于 5 L/s 时，可选用口径 16 mm 以下的水枪；当每支水枪最小流

（a）消火栓箱　　　　　　　　　　（b）消防软管卷盘

（c）消火栓单栓　　　　　　　　　　（d）消火栓双栓

（e）消防水枪　　　　　　　　　　（f）消防水带

图 4-6　消火栓设备

量大于 5 L/s 时,宜选用口径 19 mm 水枪,如图 4-6(e)所示。

（5）消防水带。室内消火栓配备的消防水带直径分 65 mm 或 50 mm。每个消火栓配备一条水带,水带两头为内扣式标准接口,水带长度为 20 m,最长不应大于 25 m,水带一头与消火栓出口连接,另一头与水枪连接,如图 4-6(f)所示。

4.报警控制设备

报警控制设备主要用于启动消防水泵,控制系统的工作状态。

5.系统附件

系统附件包括各种阀门、屋顶消火栓等。

（二）系统工作原理

室内消火栓系统的工作原理与系统的给水方式有关。通常对建筑消防给水系统所采用的是临时高压消防给水系统。

在临时高压消防给水系统中,系统一般设有消防泵和高位消防水箱。火灾发生后,现场人员可打开消火栓箱,将水带与消火栓栓口进行连接,打开消火栓阀门,按下消火栓箱内的启动按钮,消火栓即可投入使用。但消火栓按钮不宜作为直接启动消防水泵的开关,只可作为发生报警信号的开关,或作为干式消火栓系统的快速启闭装置等。在供水初期,消火栓泵的启动需要一定时间,需由高位消防水箱供水(储存 10 min 左右的消防水量)。消火栓泵还可由消防泵现场或消防控制中心启动,消火栓泵一旦启动后不能自动停泵,只能由现场手动控制。

(三)系统操作方法与步骤

室内消火栓系统使用方法,如图 4-7 所示。具体操作步骤如下:

图 4-7　室内消火栓系统使用方法

(1)发生火灾时,找到离火场最近的消火栓,打开或击碎消火栓箱门,取出消防水带和消防水枪。

(2)将消防水带一端接在消火栓接口即出水口上。

(3)将消防水带另一端接好消防水枪,并将消防水枪连同消防水带拉至起火点附近。

(4)当消防泵控制柜处于自动状态时,直接按下消火栓按钮,启动消防泵;当消防泵控制柜处于手动状态时,应及时派人到消防泵房手动启动消防泵。

(5)打开消火栓阀门开关。

(6)对准火源根部,进行扫射灭火。

【任务小结】

本任务主要学习室内外消火栓系统的相关知识,具体介绍了室内外消火栓系统的组成、工作原理、设置要求以及操作的方法和步骤等内容。学生通过本任务的学习,能够全面掌握消火栓系统的使用、如何进行安全检查等知识,并具备相应的应用能力和消火栓系统的管理能力。

【思考与讨论】

1.室外消火栓的设置要求包括哪些内容?

2.室内消火栓的设置要求包括哪些内容?

3.室内消火栓的使用方法与步骤是什么？

【学习评价】

技能要点	评价关键点	分值/分	自我评价（20%）	小组互评（30%）	教师评价（50%）
室外消火栓系统	掌握室外消火栓系统的工作原理	20			
	能正确使用室外消火栓系统进行灭火	25			
室内消火栓系统	能辨认室内消火栓系统的组成元件并进行维护保养	20			
	掌握室内消火栓系统的工作原理	10			
	能正确使用室内消火栓系统进行灭火	25			
总得分		100			

项目五　生产事故应急处置

【项目描述】

根据《企业职工伤亡事故分类标准》,将事故分成 20 类。各个行业存在的危险因素差异大,因此在生产过程中遇到的事故类型是不同的。从 20 类事故来看,建筑行业和危险化学品行业是事故多发的两大行业。建筑施工伤亡事故类别主要有高处坠落、物体打击、机械伤害、起重伤害和坍塌事故。危险化学品行业主要的事故类别有爆炸、中毒窒息、灼伤等。

本项目主要学习建筑施工事故应急处置、危险化学品事故应急处置两大部分内容,重点培养学生处置常见生产事故的能力。

【学习目标】

知识目标:

1. 掌握常见建筑施工事故的应急处置。

2. 掌握常见危险化学品事故的应急处置。

技能目标:

1. 具备处置建筑施工事故的应急能力。

2. 具备处置危险化学品事故的应急能力。

素养目标:

1. 养成积极有效的协调、管理和沟通能力。

2. 具有良好的团队协作能力。

3. 具备耐心、专注、坚持的工作态度。

任务一　建筑施工事故应急处置

【任务实施】

建筑施工常见的伤亡事故类型有:高处坠落、物体打击、机械伤害、起重伤害、坍塌等。

一、高处坠落事故

救援人员抢救的重点放在对休克、骨折和出血方面进行处理。临时处理后立即送医院救护。发生高处坠落事故，应马上组织抢救伤者，首先观察伤者的受伤情况、部位、伤害性质，如遇呼吸、心跳停止者，应立即通畅气道进行心肺复苏。伤者发生休克，应先处理休克，要让其横卧，解开领口，放在通风保暖处，并将下肢抬高20°左右。

1. 创伤性伤口的处置

遇有创伤性出血的伤者，应迅速包扎、止血，使伤者保持头低脚高的卧位，注意保暖，并正确采取现场止血处理措施。

一般小伤口的止血法：先用生理盐水(0.9% NaCl溶液)冲洗伤口，涂上红药水，然后盖上消毒纱布，用绷带较紧地包扎起来。

加压包扎止血法：用纱布、棉花等做成敷料，放在伤口上，再用绷带包扎来增强压力而达到止血目的。

止血带止血法：选择弹性好的橡皮管、橡皮带或三角巾、毛巾、带状布条等，捆扎时，在止血带与皮肤之间垫上消毒纱布棉垫。每隔40 min放松一次，每次放松5 min。

2. 颅内损伤的处置

伤者若出现颅脑损伤，必须保持呼吸道通畅。昏迷者应平卧，面部转向一侧，以防舌根下坠或分泌物、呕吐物吸入，发生喉部阻塞。遇有凹陷骨折、严重的颅底骨折及严重的脑损伤症状时，创伤处用消毒的纱棉或清洁布料等覆盖伤口，用绷带或布条包扎后，及时送往附近医院治疗。

3. 脊椎受伤的处置

发现脊椎受伤者，创伤处用消毒的纱布或清洁布等覆盖伤口，用绷带或布条包扎。搬运时，伤者如颈椎骨折，要用"颈托"围住颈部；将伤者平卧放在帆布担架或硬板上，以免受伤的脊椎移位、断裂造成截瘫，甚至死亡。抢救脊椎受伤者，搬运过程中，严禁只抬伤者的两肩与两腿或单肩背运。

4. 手足骨折的处置

发现伤者手足骨折，不要盲目搬动伤者，应在骨折部位用夹板把受伤位置临时固定，使断端不再移位或刺伤肌肉、神经或血管。固定方法：以固定骨折处上下关节为原则，可就地取材，用木板、竹片等固定，在无材料的情况下，上肢可固定在身侧，下肢与健侧下肢绑在一起。

5. 抢救注意事项

尽快动用交通工具或其他措施，及时把伤者送往附近医院进行抢救，运送途中应尽量减少颠簸，同时密切注意伤者的呼吸、脉搏、血压及伤口的情况。

二、物体打击事故

当发生物体打击事故后，抢救的重点应放在对颅脑损伤、脊柱骨折和出血的处置上，先进行简单处理,然后送往医院救护。

1. 对颅脑损伤的处置

发生物体打击事故,应立即组织抢救伤者脱离危险现场,以免发生二次损伤。在移动昏迷状态的伤者时,应保持头、颈、胸在一条直线上,不能任意旋转。若伤者伴有颈椎骨折,更应避免头颈的摆动,可用"颈托"围住颈部,以防引起颈部血管神经及脊髓的附加损伤。

2. 出血的处置

观察伤者的受伤情况、部位、伤害性质。如伤者有出血,应立即止血。遇呼吸、心跳停止者,应立即通畅气道进行人工呼吸,胸外心脏按压。胸骨骨折、肋骨骨折、四肢的骨折也要包扎固定。处于休克状态的要让其安静、保暖、平卧、少动,并将下肢抬高 20°左右,尽快送医院进行抢救治疗。

3. 防止伤口污染

相对清洁的伤口,可用浸有双氧水的敷料或抗生素的敷料覆盖包扎创口;污染较重的伤口,可简单清除伤口表面异物,剪除伤口周围的毛发。但切勿拔出创口内的毛发及异物、凝血块或碎骨片等。

三、机械伤害事故

机械伤害应急处置措施如下:

(1)发生机械伤害后,现场施工负责人应立即报告相关责任人和责任单位,并立即拨打"120"救护电话,详细说明事故地点、严重程度,并派人到路口接应。在医护人员没有来到之前,应检查伤者的伤势、心跳及呼吸情况,视不同情况采取不同的急救措施。

(2)消除不安全因素,如机械处于危险状态,应立即采用措施进行稳定,防止事故扩大,避免更大的人身伤害及财产损失。

(3)在不影响安全的前提下,切断电源。

(4)注意保护现场,因抢救伤者和防止事故扩大,需要移动现场物件时,应做出标志、拍照、详细记录和绘制事故现场图。

(5)对被机械伤害的伤者,应迅速小心地使伤者脱离危险源,必要时,拆卸机器,移出受伤的肢体。

(6)对发生休克的伤者,应首先进行抢救。遇有呼吸、心跳停止者,可采取人工呼吸或胸外心脏按压法,使其恢复正常。

(7)对骨折的伤者,应利用木板、竹片和绳布等捆绑骨折处的上下关节,固定骨折部位。

(8)遇有创伤性出血的伤者,应迅速包扎止血,使伤者保持头低脚高的卧位,并注意保暖,使用消毒纱布或清洁织物覆盖伤口上,用绷带较紧地包扎,压迫止血,或者选择弹性好的橡皮管、橡皮带或三角巾、毛巾、带状布巾等包扎。

(9)对剧痛难忍的伤者,可让其服用止痛剂或镇痛剂。

采取上述急救措施之后,要根据病情轻重,及时把伤者送往医院治疗。在送医院的途中,应尽量减少颠簸,密切注意伤者的呼吸、脉搏及伤口的情况。

四、起重伤害事故

当发生起重伤害事故时，应立即切断动力电源，首先抢救伤者，根据伤者的受伤情况，采取相应的急救办法。

（1）如遇有创伤性出血的伤者，应迅速包扎止血，使伤者保持在头低脚高的卧位，并注意保暖。当伤者手前臂、小腿以下位置出血，应选用橡胶带、布带或止血纱布等进行绑扎止血。

（2）如遇呼吸、心跳停止的伤者，应立即进行人工呼吸、胸外心脏按压。对处于休克状态的伤者可用拇指压人中、内关、足三里等穴位，以提升血压稳定病情。让其安静、保暖、平卧、少动，并将下肢抬高 20°左右，尽快送医院进行抢救治疗。

伤者若出现颅脑损伤，必须保持呼吸道畅通。昏迷者应平卧，面部转向一侧，以防舌根下坠或分泌物、瘀血、呕吐物吸入，发生喉阻塞。如有异物可用手指从口角一边插入摸至另一边将异物掏出。遇有凹陷骨折及严重的脑损伤症状出现时，用消毒的纱布或清洁布等覆盖伤口创伤处，再用绷带或布条包扎后，及时送附近的医院治疗。

（3）脊椎受伤或手足骨折者，急救办法见前文"高处坠落事故"。

（4）起重机械对人体的切割伤害，如当手指被切离身体时，一定要保护好断端和伤者，一起送到医院进行接肢治疗。

五、坍塌事故

坍塌事故是建筑施工过程中的常见事故之一，由于现场施工人员较多，交叉作业频繁，坍塌事故往往会造成比较严重的后果，而且这类事故无法预料，在任何时间均有可能发生。坍塌事故类型分为土方（基坑）坍塌、模板坍塌、脚手架坍塌及拆除工程坍塌等类型。

坍塌事故发生后，事故现场有关人员应立即向项目负责人报告，项目负责人收到信息后，应当在规定时间内向当地应急管理部门报告。

事故现场有关人员要保护好事故现场，必要时设置警戒线，防止无关人员进入破坏事故现场。在确保不会发生二次坍塌的情况下尽快抢救被掩埋人员，不可盲目施救，防止二次坍塌扩大伤亡事故。

抢救中如遇到坍塌巨物，人工搬运有困难时，现场指挥人员应调集吊车进行吊运，在接近被埋人员时必须停止机械作业，改用人工挖掘，防止误伤被埋人员。如有人被压在坍塌的脚手架下面，应立即采取可靠措施加固四周，然后拆除或切割压住伤者的杆件，将伤者移出，如脚手架太重可用吊车将架体缓慢抬起。发现被埋人员后，切勿生拉硬拽，防止救援过程中造成二次伤害。

被埋人员被救出后，应搬运到安全地方，进行现场抢救。立即清理受伤人员口、鼻、耳中的异物，检查呼吸、心跳情况，若心跳停止，立即实施心脏复苏或人工呼吸。

发现伤者有出血，应立即进行止血包扎，清理创伤伤口，防止感染。肢体骨折的伤者，尽快固定伤肢，防止骨折断端对周围组织的进一步损伤，搬运伤者时，使用担架、门板，防止伤情加重。

如无能力抢救受伤人员,应尽快将受伤人员送往附近医院进行抢救,或者等待医务人员救治。

【任务小结】

本任务主要学习建筑施工事故的应急处置措施,具体介绍了高处坠落事故应急处置、物体打击事故应急处置、机械伤害事故应急处置、起重伤害事故应急处置、坍塌事故应急处置。学生通过本内容的学习,能够掌握建筑施工常见事故的应急处置,具备建筑施工常见事故的救援能力。

【思考讨论】

1. 处置高处坠落事故的措施有哪些?
2. 处置物体打击事故的措施有哪些?
3. 处置机械伤害事故的措施有哪些?
4. 处置起重伤害事故的措施有哪些?
5. 处置坍塌事故的措施有哪些?

【学习评价】

技能要点	评价关键点	分值/分	自我评价（20%）	小组互评（30%）	教师评价（50%）
常见建筑施工事故应急处置	高处坠落事故应急处置	20			
	物体打击事故应急处置	20			
	机械伤害事故应急处置	20			
	起重伤害事故应急处置	20			
	坍塌事故应急处置	20			
总得分		100			

任务二　危险化学品事故应急处置

【任务实施】

危险化学品是指具有毒害、腐蚀、爆炸、燃烧、助燃等性质,对人身体、设施、环境具有危害的剧毒化学品和其他化学品。主要的危险化学品包括：天然气、液化气、煤气、油漆稀释剂、汽油、苯、甲苯、甲醇、氯乙烯、丙烯、液氯（氯气）、液氨（氨、氨水）、二氧化硫、一氧化碳、氟化氢、过氧化物、氰化物、黄磷、金属钠、三氯化磷、强酸、强碱、农药杀虫剂等。

一、应急处置流程及要点

（一）防护

（1）呼吸防护：在确认发生毒气泄漏或危险化学品事故后，应马上用手帕、餐巾纸、衣物等随手可及的物品捂住口鼻。手头如有水或饮料，最好把手帕、衣物等浸湿。最好能及时戴上防毒面具、防毒口罩。

（2）皮肤防护：尽可能戴上手套，穿上雨衣、雨鞋等，或用床单、衣物遮住裸露的皮肤。如有防化服等防护装备，要及时穿戴。

（3）眼睛防护：尽可能戴上各种防毒眼镜、防护镜，如果没有专业防护眼镜，也可用游泳护目镜代替。

（4）食品检测：污染区及周边地区的食品和水源不可随便食用，须经检测无害后方可食用。

（二）撤离

判断毒源与风向，沿上风或侧风方向路线，朝着远离毒源的方向撤离现场。

（三）洗消

到达安全地点后，要及时脱去被污染的衣服，用流动的水冲洗身体，特别是裸露的身体部位要重点清洗，防止从皮肤吸入毒物而出现中毒现象。

（四）救治

迅速拨打"120"，将中毒人员及早送医院救治。中毒人员在等待救援时应保持平静，避免剧烈运动，以免加重心脏负担致使病情恶化。

二、事故现场应急处置

（一）危险化学品灼伤的现场急救

化学腐蚀物品对人体有腐蚀作用，易造成化学灼伤。腐蚀物品造成的灼伤与一般火灾的烧伤、烫伤不同，开始时往往感觉不太疼，但发觉时组织已被灼伤。所以对触及皮肤的腐蚀物品，应迅速采取淋洗等急救措施。

（1）对化学性皮肤烧伤，应立即移离现场，迅速脱去受污染的衣裤、鞋袜等，并用大量流动的清水冲洗创面20～30 min（强烈的化学品冲洗时间更长），以稀释有毒物质，防止继续损伤和通过伤口吸收。新鲜创面上严禁任意涂抹油膏或红药水、紫药水等药品,不要用脏布包裹;黄磷烧伤时应用大量清水冲洗、浸泡或用多层干净的湿布覆盖创面。

(2)化学性眼烧伤,要在现场迅速用流动的清水进行冲洗。

(二)危险化学品急性中毒的现场急救

(1)若为沾染皮肤中毒,应迅速脱去受污染的衣物,用大量流动的清水冲洗至少15 min。若为吸入中毒,应迅速逃离中毒现场,向上风方向移至空气新鲜处,同时解开伤者的衣领、放松裤带,使其保持呼吸道畅通,并注意保暖,防止受凉。

(2)若为口服中毒,中毒物为非腐蚀性物质时,可用催吐的方法使其将毒物吐出。

(3)误食强碱、强酸等腐蚀性物品时,催吐方法反使食道、咽喉再次受到严重损伤,可服牛奶、蛋清、豆浆、淀粉糊等,此时不能洗胃,也不能口服碳酸氢钠,以防胃胀气引起胃穿孔。

(4)现场如发现中毒者心跳、呼吸骤停,应立即实施人工呼吸和体外心脏按压术,使其维持呼吸、心跳功能。

(三)危险化学品火灾事故处置措施

(1)先控制,后消灭。针对危险化学品火灾的火势发展蔓延快和燃烧面积大的特点,积极采取统一指挥、以快制快、堵截火势、防止蔓延;重点突破、排除险情;分割包围、速战速决的灭火战术。

(2)扑救人员应站在上风或侧风方向灭火。

(3)进行火情侦察、火灾扑救、火场疏散时,现场人员应有针对性地采取自我防护措施,如佩戴防护面具、穿戴专用防护服等。

(4)应迅速查明燃烧范围、燃烧物品及其周围物品的品名和主要危险特性,火势蔓延的主要途径,燃烧的危险化学品及燃烧产物是否有毒等。

(5)正确选择最适当的灭火剂和灭火方法。火势较大时,应先堵截火势蔓延,控制燃烧范围,然后逐步扑灭火势。

(6)对有可能发生爆炸、爆裂、喷溅等特别危险需紧急撤退的情况,应按照统一的撤退信号和撤退方法及时撤退。

(7)火灾扑灭后,仍然要派人监护现场,消灭余火。

(四)危险化学品泄漏事故处置措施

1. 安全防护

现场救援人员进入泄漏现场进行处理时,应注意安全防护,进入现场的救援人员必须配备必要的个人防护器具。必须做到:

(1)如果泄漏物是易燃、易爆的化学品。事故中心区应严禁火种、切断电源,禁止车辆进入,立即在边界设置警戒线。根据事故情况和事态发展,确保事故波及区域人员的撤离。

(2)如果泄漏物是有毒的,应使用专用防护服、隔绝式空气面具,立即在事故中心区边界

设置警戒线,根据事故情况和事故发展,确保事故波及区域人员的撤离。

2. 泄漏源控制

泄漏源控制措施有关闭阀门、停止作业、改变工艺流程、停止物料添加、局部停车、减负荷运行等方式。堵漏时,采用合适的材料和技术手段堵住泄漏处。

3. 泄漏物处理

(1)围堤堵截:筑堤堵截泄漏液体或者引流到安全地点。贮罐发生液体泄漏时,要及时关闭雨水阀,防止物料沿明沟外流。

(2)稀释与覆盖:对有害物蒸气,可向有害物蒸气云喷射雾状水,加速气体向高空扩散。对可燃物,也可以在现场释放大量水蒸气或氮气,破坏燃烧条件。对液体泄漏,为降低物料向大气中的蒸发速度,可用泡沫或其他覆盖物品覆盖外泄的物料,在其表面形成覆盖层,抑制其蒸发。

(3)收容(集):对大型泄漏,可选择用隔膜泵将泄漏出的物料抽入容器内或槽车内;当泄漏量小时,可用沙子、吸附材料、中和材料等吸收中和。

(4)废弃:将收集的泄漏物运至废物处理场所处置。用消防水冲洗剩下的少量物料,冲洗水排入污水系统处理。

(五)压缩气体和液化气体火灾事故处置措施

(1)扑救气体火灾切忌盲目灭火,即使在扑救周围火势以及冷却过程中不小心把泄漏处的火焰扑灭了,在没有采取堵漏措施的情况下,也必须立即用长点火棒将火点燃,使其恢复稳定燃烧。否则,大量可燃气体泄漏出来与空气混合,遇着火源就会发生爆炸,后果将不堪设想。

(2)首先应扑灭外围被火源引燃的可燃物火势,切断火势蔓延途径,控制燃烧范围,并积极抢救受伤和被困人员。

(3)如果火势中有压力容器或有受到火焰辐射热威胁的压力容器,能疏散的应尽量在水枪的掩护下疏散到安全地带,不能疏散的应部署足够的水枪进行冷却保护。对卧式贮罐,冷却人员应选择贮罐四侧角作为射水阵地。

(4)如果是输气管道泄漏着火,应首先设法找到气源阀门。阀门完好时,只要关闭气体阀门,火势就会自动熄灭。

贮罐或管道泄漏关阀无效时,应根据火势大小判断气体压力和泄漏口的大小及其形状。准备好相应的堵漏材料(如软木塞、橡皮塞、气囊塞、黏合剂、弯管工具等)。

(5)堵漏工作准备就绪后,即可用水扑救火势,也可用干粉、二氧化碳灭火,但仍需用水冷却烧烫的罐或管壁。火扑灭后,应立即用堵漏材料堵漏,同时用雾状水稀释和驱散泄漏出来的气体。

(6)一般情况下完成了堵漏也就完成了灭火工作,但有时一次堵漏不一定能成功,如果一次堵漏失败,再次堵漏需要一定时间,应立即用长点火棒将泄漏处点燃,使其恢复稳定燃烧,并准备再次灭火堵漏以防止较长时间泄漏出来的大量可燃气体与空气混合后形成爆炸性混合物,从而存在发生爆炸的危险。

(7)如果确认泄漏口很大,根本无法堵漏,只需冷却着火容器及其周围容器和可燃物品,控制着火范围,一直到燃气燃尽,火势自动熄灭。

(8)现场指挥应密切注意各种危险征兆,遇有火势熄灭后较长时间未能恢复稳定燃烧或受热辐射的容器安全阀火焰变亮耀眼、尖叫、晃动等爆裂征兆时,指挥员必须适时做出准确判断,及时下达撤退命令。现场人员看到或听到事先规定的撤退信号后,应迅速撤退至安全地带。

(9)气体贮罐或管道阀门处泄漏着火时,在特殊情况下,只要判断阀门还有效,就可违反常规,先扑灭火势,再关闭阀门。一旦发现关闭已无效,一时又无法堵漏时,应迅即点燃,恢复稳定燃烧。

(六)易燃液体火灾事故处置措施

易燃液体通常也是贮存在容器内或用管道输送的。与气体不同的是,液体容器有的密闭,有的敞开,一般都是常压,只有反应锅(炉、釜)及输送管道内的液体压力较高。液体不管是否着火,如果发生泄漏或溢出,都将顺着地面流淌或水面漂散,而且,易燃液体还有比重和水溶性等涉及能否用水和普通泡沫扑救的问题,以及危险性很大的沸溢和喷溅问题。

(1)首先应切断火势蔓延的途径,冷却和疏散受火势威胁的密闭容器和可燃物,控制燃烧范围,并积极抢救受伤和被困人员。如有液体流淌时,应筑堤(或用围油栏)拦截漂散流淌的易燃液体,也可采用挖沟导流。

(2)及时了解和掌握着火液体的品名、比重、水溶性以及有无毒害、腐蚀、沸溢、喷溅等危险性,合理采取相应的灭火和防护措施。

(3)对较大的贮罐或流淌火灾,应准确判断着火面积。大面积(>50 m²)液体火灾则必须根据其相对密度(比重)、水溶性和燃烧面积大小,选择正确的灭火剂扑救。

①比水轻又不溶于水的液体(如汽油、苯等),用直流水、雾状水灭火往往无效,可用普通白泡沫或轻水泡沫扑灭。用干粉扑救时灭火效果要视燃烧面积大小和燃烧条件而定,最好用水冷却罐壁。

②比水重又不溶于水的液体(如二硫化碳)起火时可用水扑救,水能覆盖在液面上灭火,用泡沫也有效。用干粉扑救,灭火效果要视燃烧面积大小和燃烧条件而定,最好用水冷却罐壁,降低燃烧强度。

③具有水溶性的液体(如醇类、酮类等),虽然从理论上讲能用水稀释扑救,但用此法要使液体闪点消失,水必须在溶液中占很大的比例,这不仅需要大量的水,也容易使液体溢出流淌;而普通泡沫又会受到水溶性液体的破坏(如果普通泡沫强度加大,可以减弱火势)。因此,最好用抗溶性泡沫扑救,用干粉扑救时,灭火效果要视燃烧面积大小和燃烧条件而定,也需用水冷却罐壁,降低燃烧强度。

④扑救毒害性、腐蚀性或燃烧产物毒害性较强的易燃液体火灾,扑救人员必须佩戴防护面具,采取防护措施。对特殊物品的火灾,应使用专用防护服。考虑到过滤式防毒面具防毒

范围的局限性,在扑救毒害品火灾时应尽量使用隔绝式空气面具。为了在火场上能正确使用和适应,平时应进行严格的适应性训练。

⑤扑救原油和重油等具有沸溢和喷溅危险的液体火灾,必须注意计算可能发生沸溢、喷溅的时间和观察是否有沸溢、喷溅的征兆。一旦现场指挥发现危险征兆时应迅速作出准确判断,及时下达撤退命令,避免造成人员伤亡和装备损失。扑救人员看到或听到统一撤退信号后,应立即撤至安全地带。

⑥遇易燃液体管道或贮罐泄漏着火,在切断蔓延方向并把火势限制在一定范围内的同时,对输送管道应设法找到开关并关闭进、出阀门,如果管道阀门已损坏或是贮罐泄漏,应迅速准备好堵漏材料,然后先用泡沫、干粉、二氧化碳或雾状水等扑灭地上的流淌火焰,再扑灭泄漏口的火焰,并迅速采取堵漏措施。与气体堵漏不同的是,液体一次堵漏失败,可连续堵几次,只需用泡沫覆盖地面,并堵住液体流淌和控制好周围火源即可,不必点燃泄漏口的液体。

三、注意事项

在现场进行简单的急救后,一般应及时将伤者送往医院。护送者应向医院提供烧伤或中毒的原因、化学品的名称;如化学物不明,则要携带该物品或呕吐物的样品,以供医院检测。

现场参与的救护者应重视自身防护,如时间不长,对有水溶性毒物(氯、氨、硫化氢等)的防护,可采用湿的毛巾捂住口鼻进行简单的防护,有条件的可佩戴防毒面具等防护器具。在抢救伤者的同时,应设法堵漏,防止毒害蔓延扩大。

【任务小结】

本任务主要学习危险化学品事故应急处置要点、常见危险化学品应急处置流程以及处置时的注意事项等内容。学生通过本任务的学习,能够具备常见危险化学品事故应急处置的能力。

【思考讨论】

1.危险化学品事故应急处置的过程是什么?

2.常见的危险化学品事故有哪些?

【学习评价】

技能要点	评价关键点	分值/分	自我评价（20%）	小组互评（30%）	教师评价（50%）
危险化学品应急处置流程及要点	掌握危险化学品事故处置流程	25			

续表

技能要点	评价关键点	分值/分	自我评价 （20%）	小组互评 （30%）	教师评价 （50%）
常见危险化学品 事故应急处置	危险化学品烧灼伤的现场急救	10			
	危险化学品急性中毒的现场急救	10			
	危险化学品火灾事故处置措施	10			
	危险化学品泄漏事故处置措施	20			
	压缩气体和液化气体火灾事故处置措施	10			
	易燃液体火灾事故处置措施	10			
危险化学品事故 处置的注意事项	了解危险化学品事故处置的注意事项	5			
总得分		100			

项目六　生活事故应急处置

【项目描述】

现代医学告诉我们,抢救伤者的黄金时间是在受伤后 1 h 内,由灾害、事故、意外伤害和急危重症导致心跳、呼吸骤停抢救的最佳抢救时间仅是最初的 4 min。抓紧时间施救,科学施救,就可以挽救更多人的生命。因此,作为应急救援人员应该认真学习并熟练掌握现场急救知识,具备现场急救能力,遇有突发事故救援现场时,成为挽救伤病员生命的"第一抢救者"。

本项目内容是全书的重点,梳理了生产过程中常见的事故类型,从现场急救技术角度出发,既有处置灾害事故的一般性原则,又有各种灾害事故特有的救援措施和急救方法。本项目内容丰富,全面系统,集科学性、知识性和普及性于一体,实用性和可操作性强,图文并茂,通俗易懂。

【学习目标】

知识目标:

1. 掌握中暑事故应急处置措施。

2. 掌握中毒事故应急处置措施。

3. 掌握触电事故应急处置措施。

4. 掌握淹溺事故应急处置措施。

5. 掌握灼伤事故应急处置措施。

6. 掌握燃气事故应急处置措施。

7. 掌握交通事故应急处置措施。

技能目标:

1. 具备常见生活事故的应急处置能力。

2. 能根据不同事故类型,选择合适的急救措施。

素养目标:

1. 养成精益求精、勤学苦练的精神。

2. 具有良好的团队协作能力和沟通能力。

3. 具备耐心、专注、坚持的工作态度。

任务一　中暑事故应急处置

【任务实施】

一、中暑的定义

现代医学将中暑定义为在高温、高湿环境下，人体体温调节中枢功能障碍或汗腺功能衰竭，以及水、电解质丢失过多而引起的以中枢神经和(或)心血管功能障碍为主要表现的急性疾病。通俗来说，中暑就是指在高温的环境中，比如在气温比较高、湿度比较大、通风比较差的室外或者室内环境中，由于人体的体温调节中枢功能障碍、汗腺功能的衰竭，以及丢失了过多的水分和电解质，导致的急性热损伤疾病，如图 6-1 所示。

图 6-1　中暑

二、中暑的症状

根据中暑症状的严重程度，将中暑分成三类：先兆中暑、轻度中暑和重度中暑。

先兆中暑临床表现：大汗、口渴、头昏、耳鸣、胸闷、心悸、恶心、全身无力、动作不协调等伴或不伴体温升高。

轻度中暑临床表现：除上述病症外，体温上升到 38 ℃ 及以上，并出现面色潮红、胸闷，或有面色苍白、恶心、呕吐、大汗、皮肤湿冷、血压下降等呼吸循环衰竭的早期症状。

重度中暑临床表现：除上述症状外，出现昏倒痉挛，皮肤干燥无汗、体温上升到 40 ℃ 及以上等症状。根据发病机制和临床表现不同，重度中暑又可分为热痉挛、热衰竭和热射病三种类型。

1. 热痉挛

热痉挛多见于健康青壮年,表现为在高温环境下进行剧烈运动大量出汗,活动停止后常发生肌肉痉挛,主要累及骨骼肌,持续约数分钟后缓解,无明显体温升高。肌肉痉挛可能与严重体钠缺失和过度通气有关。热痉挛也可为热射病的早期表现。

2. 热衰竭

热衰竭常发生于老年人、儿童和慢性疾病患者,严重热应激时,由于体液和体钠丢失过多引起循环容量不足所致。热衰竭表现为多汗、疲乏、无力、头晕、头痛、恶心、呕吐和肌肉痉挛,有明显脱水特征如心率过快、直立性低血压或晕厥等。体温轻度升高,无明显中枢神经系统损伤表现。根据病情轻重不同,检查可见血细胞比容增高、高钠血症、轻度氮质血症和肝功能异常。热衰竭可以是热痉挛和热射病的中介过程,若治疗不及时,可发展为热射病。

3. 热射病

热射病是一种致命性急症,主要表现为高热(直肠温度≥41 ℃)和神志障碍。早期受影响的器官依次为脑、肝、肾和心脏。根据发病时患者所处的状态和发病机制,临床上分为劳力性热射病和非劳力性(或典型性)热射病两种。劳力性热射病主要是在高温环境下内源性产热过多;非劳力性热射病主要是在高温环境下体温调节功能障碍引起散热减少。

三、中暑应急处置措施

夏季是中暑的高发期,常由于环境温度高、空气湿度大、体内余热难以散发、热量越积越多,导致体温调节中枢失控而发生中暑。发现中暑者时,可采用以下应急处置措施。

1. 搬移

发生中暑后,迅速将中暑者移至阴凉、通风的地方,同时让中暑者平躺,解开衣裤,以利于呼吸和散热。垫高脚部,这样有利于增加中暑者脑部的血液供应。

2. 降温

可用凉湿毛巾敷头部,或冰袋、冰块置于中暑者头部、腋窝、大腿内侧处。有条件的情况下,还可以用酒精、白酒擦拭全身,然后用扇子或者电风扇吹风,以加速散热,如图6-2所示。但要注意适度,以免造成中暑者感冒。

请注意,不要过快地给中暑者降温,当中暑者体温降至38 ℃以下时,停止使用吹风、洒冷水、冰敷等强制性降温方法。

3. 补水

等中暑者清醒后补充水分,应为其补充含食盐 0.1% ~ 0.3% 的凉开水或含小苏打($NaHCO_3$)的清凉饮料,如图6-3所示。不宜大量补充水分,不然会引起腹痛、呕吐和恶心等不适症状。不宜饮用咖啡或酒精类饮料。

图 6-2　降温

图 6-3　补水

4. 促醒

中暑者若已失去知觉,可掐人中、合谷等穴位,使其苏醒。若呼吸停止,应立即实施人工呼吸。

5. 转送

对于重症中暑者,必须立即送医院诊治。搬运中暑者时,应用担架运送,不可使中暑者步行,同时运送途中要注意,尽可能地用冰袋敷于中暑者额头、枕后、胸口、肘窝及大腿根部,积极进行物理降温,以保护大脑、心肺等重要脏器。

四、注意事项

中暑后须大量补充水分和盐分,但过量饮用热水时会更加大汗淋漓,反而造成体内水分和盐分进一步大量流失,严重时会引起抽风症状,如此便是得不偿失。正确的饮水方法应是少量多次,每次饮水量以不超过 300 mL 为宜。

【任务小结】

本任务主要学习中暑事故的应急处置措施,具体介绍了中暑的定义、中暑的症状、中暑的应急处置措施以及注意事项等内容,重点介绍了中暑事故的五项处置措施。学生通过本任务的学习,能够掌握中暑事故的应急处置,具备对中暑事故的救援能力。

【思考讨论】

1. 处理中暑事故的五项措施有哪些?
2. 中暑事故处理时的注意事项有哪些?

【学习评价】

技能要点	评价关键点	分值/分	自我评价（20%）	小组互评（30%）	教师评价（50%）
中暑的定义	了解什么是中暑	10			
中暑的类型	掌握中暑的症状	30			
	掌握中暑的类型	20			
中暑的应急处置措施	掌握中暑的应急处置措施	30			
注意事项	熟悉中暑处理的注意事项	10			
总得分		100			

任务二　中毒事故应急处置

【任务实施】

一、几种常见的中毒窒息气体

(一)一氧化碳

一氧化碳是无色无味、无刺激性的有毒气体。气体密度为 0.967 g/L,爆炸极限为 12.5% ~74%。当含碳物质燃烧不完全时均可产生一氧化碳。

生活中,使用煤炉时可产生大量的一氧化碳,如室内门窗紧闭,火炉无烟囱,或烟囱堵塞、漏气等都可发生一氧化碳中毒。另外,火灾现场空气中一氧化碳浓度若高达10%,也可发生中毒。

一氧化碳经呼吸道吸入人体后,与血红蛋白的亲和力比氧与血红蛋白的亲和力高200~300倍,比氧更容易和血液中的血红蛋白结合,使血红蛋白丧失携氧的能力和作用,导致人体严重缺氧。轻度中毒时常出现剧烈头痛、眩晕、心悸、胸闷、恶心、呕吐、耳鸣、全身无力等,若吸入过量的一氧化碳,则常意识模糊、大小便失禁甚至昏迷、死亡。

(二)氯气

氯气为黄绿色、有强烈刺激性气味的剧毒气体,并有窒息性。氯气是一种重要的化工原料,可用于生产盐酸、漂白粉、杀虫剂、塑料、合成橡胶等,许多工业和农药生产都离不开氯气。

氯气对人体的危害主要表现在对上呼吸道黏膜的强烈刺激,可引起呼吸道烧伤、急性肺水肿等,从而引发肺和心脏功能的急性衰竭。吸入高浓度的氯气,如每升空气中氯气的含量超过2~3 mg时,即可出现严重症状,如呼吸困难、紫绀、心力衰竭,中毒者很快因呼吸中枢麻痹而死(往往仅数分钟至1 h),称为"闪电样死亡"。较重度的中毒,中毒者首先出现明显的上呼吸道黏膜刺激症状,如剧烈咳嗽、吐痰、咽喉疼痛发辣、呼吸急促困难、颜面青紫、气喘等。中毒继续加重,造成肺泡水肿,引起急性肺水肿,全身情况也趋衰竭。

(三)硫化氢

硫化氢为无色、有臭鸡蛋味的剧毒气体,比空气重,易积聚在低洼处,能溶于水,易溶于乙醇和石油。另外,下水道、化粪池、沟渠、沼泽、矿井、海产品仓库等均可产生硫化氢。

硫化氢能抑制细胞呼吸酶活性,造成细胞缺氧窒息,并影响脑细胞功能。依据《职业性急性硫化氢中毒诊断标准》(GBZ 31—2002),硫化氢轻度中毒表现为眼结膜及上呼吸道刺激症状,或伴有呼吸困难、头晕、头痛、乏力等症状;中度中毒可发生化学性肺炎或肺水肿,血压下降等症状;重度中毒可出现肌肉痉挛、失禁、昏迷、呼吸麻痹死亡等症状;高浓度硫化氢可致"电击样"死亡。

(四)氰化氢

氰化氢为无色、有苦杏仁气味的极毒气体,比空气略轻,可燃,空气中的含量达到5.6%~12.8%时,具有爆炸性,易溶于水,形成氢氰酸,但不稳定。氰化氢轻度中毒时,刺激眼和上呼吸道,口唇与咽部麻木,随之会出现恶心、呕吐、震颤等症状;中度中毒时,"叹息性"呼吸,皮肤呈鲜红色,其他症状加重;重度中毒时,丧失意识,强制性、阵发性抽搐,甚至血压下降、角弓反张、大小便失禁,常伴发呼吸衰竭和脑水肿。

(五)氧气

空气中的氧气含量是20.9%。若氧气含量低于18%,人体摄入氧气不足,血液氧分压过低,各部分组织细胞会因供氧不足,出现相应的缺氧症状。人体缺氧症状与氧气浓度的关系如表6-1所示。

表6-1　人体缺氧症状与氧气浓度的关系

氧气浓度(体积分数)/%	人体主要症状
14 ~ 16	呼吸、脉搏加速,血压升高,四肢协调能力变差
10 ~ 14	疲乏无力,精神、动作失调,反应迟钝,思维紊乱
6 ~ 10	头痛、耳鸣、恶心、呕吐、紫绀、意识模糊、发热、失去自主动作及说话能力,很快丧失意识,陷入昏迷
<6	血压下降、心跳微弱、抽搐、瞳孔放大、心跳加快、呼吸停止,进入死亡状态

不同个体对缺氧的耐受程度及反应有较大差异。尤其是平时劳动强度大或患有甲状腺功能亢进等疾病的人,对缺氧更加敏感。无任何准备而进入严重缺氧环境,能感觉到呼吸困难时,通常已无力逃生,甚至猝死。

轻度缺氧时,如能及时转移至正常环境或补充氧气,可很快可恢复正常。如较长时间缺氧,可导致脑水肿等病理变化,出现不同程度的头痛、幻觉、恶心、呕吐、表情淡漠或兴奋等症状;严重缺氧时,可致大脑皮质等永久性病变,导致瘫痪,记忆、意识丧失。

环境性缺氧多出现在受限空间。缺氧主要是由于受限空间内通风不良,空气中的氧气被消耗而无法补充或更新。受限空间内的金属设备设施生锈会消耗氧气,存放的农产品也会消耗氧气。此外,输送管道的泄漏、沼气的生成等,都会把密闭空间的氧气置换掉,降低空气中氧气的含量。人进入氧气含量下降的受限空间可能导致缺氧窒息,若里面还有其他有毒气体,则危害更大。

二、中毒窒息事故现场应急处置

不同气体的中毒窒息机制不同,应急处置方法也不尽相同。此处只介绍一氧化碳、氯气、硫化氢、氰化氢中毒窒息事故的应急处置方法。

(一)一氧化碳中毒现场处置

(1)发现有人一氧化碳中毒后,因一氧化碳比空气轻,应急救援者应蹲位或俯卧位进入室内,立即打开门窗通风换气,迅速关闭一氧化碳气体阀门,切断气源。

(2)立即将中毒者转移到空气新鲜的地方,使其平卧、气道通畅,解开领扣,松解腰带,有抢救条件的就地抢救;无条件时应立即拨打“120”急救电话送往医院。

(3)中毒较轻时,不要让中毒者自己走动,需安排专人看护,因中毒者随时都可能摔倒。

(4)注意中毒者的保温,冬天气温低时要特别注意,不要将中毒者转移到室外受冻。温度低,会消耗大量的热量,对中毒者危害更大。

(5)吸氧。如有条件,迅速用氧气袋或医用氧气瓶给中毒者吸氧,加速一氧化碳从体内排出,解除一氧化碳对组织的直接毒性作用,纠正缺氧状态。一般用鼻导管或面罩吸氧,吸入氧浓度越高,体内一氧化碳分离、排出越快,但同时对呼吸系统的抑制作用也越强,因此,鼻导管法氧流量控制在 5 L/min,面罩法氧流量控制在 10 L/min。在使用氧气时,要绝对禁止一切火源。在送往医院的途中,设法给中毒者吸氧。

(6)时刻注意中毒者心跳及呼吸状况。如中毒者心跳及呼吸停止,应立即进行心肺复苏。

(7)注意中毒者的呕吐情况。中毒者呕吐时,立即使其侧卧,垫高头部使其尽量呕吐,并防止呕吐物被吸进气管或肺部,加剧死亡。

(8)在抢救过程中,避免中毒者剧烈活动,以防加剧中毒症状。

(二)氯气中毒现场处置

(1)发现有人氯气中毒,应急救援人员立即佩戴防毒面具,迅速将中毒者脱离现场,转移至空气清新、通风良好处,保持其呼吸道通畅,有条件的还应给予吸氧。

(2)脱下中毒者中毒时所着的衣服、鞋袜,有眼部损伤者,立即用清水或生理盐水反复冲洗至眼痛、皮肤灼热感减轻为止,注意保暖,并让其安静休息。

(3)若中毒严重,为解除中毒者的呼吸困难,可给其吸入 2% ~ 3% 小苏打溶液或 1% 硫酸钠溶液,以减轻氯气对上呼吸道黏膜的刺激作用,并立即拨打"120"急救电话送往医院。

(4)抢救中应当注意,氯气中毒者不应用徒手式的压胸等心肺复苏方法。这是因为氯气强烈刺激上呼吸道黏膜,导致支气管肺炎甚至肺水肿,按压式的心肺复苏会加重炎症、肺水肿,有害无益。

(三)硫化氢中毒现场处置

(1)一旦发生硫化氢急性中毒,应急救援人员应立即佩戴防毒面具将中毒者转移至空气清新、通风良好处。在深沟、池、槽等处抢救中毒者时,应急救援时必须戴供氧式面具和腰系安全带(或绳子)并有监护人在场,以免救援时中毒及贻误救治患者的时机。

(2)保持中毒者呼吸道通畅,有条件的还应及时给氧。积极供氧是改善急性硫化氢中毒患者缺氧的重要措施,可采用鼻导管、面罩等给氧方法纠正缺氧。

(3)眼部损害时用清水冲洗至少 15 min,可用激素软膏点眼。接触硫化氢的皮肤用肥皂水和清水清洗,后期按化学性烧伤处理。

(4)对心跳和呼吸停止者,让其平卧,头稍低,及时消除口腔异物,保持呼吸道通畅,应立即进行心肺复苏,并及时拨打"120"急救电话,将中毒者送至医疗机构进行救治。

(四)氰化氢中毒现场处置

(1)发生氰化氢中毒事件后,无论任何危险等级,应急救援人员应迅速将污染区域内的所有人员转移至毒害源上风向的安全区域,以免毒物进一步侵入。应急救援人员进入污染区域,应当穿连衣式胶布防毒衣、戴橡胶耐油手套、自吸过滤式防毒面具(全面罩)。现场救援时,应急救援人员要防止中毒者皮肤或衣服可能造成的二次污染。

（2）保持中毒者呼吸道通畅，检查中毒者状况，若无呼吸、心跳，应立即进行心肺复苏，有条件时还应及时给氧，并及时拨打"120"急救电话送往医院救治。

（3）中毒者去污。应尽快脱下受污染的衣物，并放入双层塑料袋内，皮肤和眼接触者用大量清水、生理盐水、冷开水冲洗至少 15 min。

（4）氰化氢急性中毒病情进展迅速，应立即就地服用解毒剂，猝死者应立即进行心肺复苏。

【任务小结】

本任务主要学习中毒事故的应急处置措施，具体介绍了一氧化碳、氯气、硫化氢、氰化物、缺氧等事故的应急处置。学生通过本任务的学习，能够掌握常见中毒事故的应急处置，具备对中毒事故的救援能力。

【思考讨论】

1. 一氧化碳中毒事故的应急处置有哪些？
2. 氯气中毒事故的应急处置有哪些？

【学习评价】

技能要点	评价关键点	分值/分	自我评价（20%）	小组互评（30%）	教师评价（50%）
几种常见的中毒窒息气体	熟悉一氧化碳的理化特征	10			
	熟悉氯气的理化特征	10			
	熟悉硫化氢的理化特征	10			
	熟悉氰化氢的理化特征	10			
	熟悉氧气的理化特征	10			
中毒窒息事故现场应急处置	掌握一氧化碳中毒的应急处置	12.5			
	掌握氯气中毒的应急处置	12.5			
	掌握硫化氢中毒的应急处置	12.5			
	掌握氰化氢中毒的应急处置	12.5			
总得分		100			

任务三　触电事故应急处置

【任务实施】

一、触电的类型

人体直接触及或靠近带电体因电流或电弧导致受伤或死亡的现象称为触电。触电的分类方法有如下两种。

（一）按对人体的伤害方式分类

电流对人体伤害主要分为电伤和电击两种。

1. 电伤

电伤是指人体触电后因电流的热效应、机械效应和化学效应对人体外表造成的局部伤害，留下明显伤痕。如电灼伤、电烙印（电印记）、皮肤金属化等。在不严重的情况下，电伤一般无致命危险。

（1）电灼伤。电灼伤一般分为接触灼伤和电弧灼伤两种。

①接触灼伤是人体直接与电流接触而导致的烧伤。通常发生在高压触电时电流经过人体皮肤的进、出口处，进口处灼伤一般比出口处严重，接触灼伤的面积较小，但深度大，多为三度灼伤，灼伤处呈现黄色或褐黑色，并可累及皮下组织、肌腱、肌肉及血管，甚至可致骨骼呈炭化状态，一般需要较长的时间治疗。

②电弧灼伤是电流通过空气介质或短路时产生的弧光、火花致伤，如带负荷误拉隔离开关、带地线合隔离开关时产生的电弧都可能引起电弧灼伤。弧光温度高达 2 000～3 000 ℃，持续时间短，其情况与火焰烧伤相似，一般为 Ⅱ 度烧伤，会使皮肤发红、起泡，组织烧焦、坏死。

（2）电烙印。电烙印发生在人体与带电体之间有良好接触的部位处。人体在不被电击的情况下，在皮肤表面留下与带电体接触时形状相似的肿块痕迹。电烙印边缘明显，颜色呈灰黄色，电烙印有时在触电后并不立即出现，而在相隔一段时间后才出现。电烙印一般不发臭或化脓，但往往造成局部的麻木和失去知觉。

（3）皮肤金属化。皮肤金属化是高温电弧使周围金属熔化、蒸发并飞溅渗透到皮肤表面形成的伤害。皮肤金属化以后，表面粗糙、坚硬，金属化后的皮肤经过一段时间后方能自行脱离，对身体机能不会造成不良的后果。

2. 电击

电击是指电流流经人体时造成人体内部器官发生生理或者病理变化、工作机能紊乱等伤害。电击的主要部位有心脏、肺以及中枢神经系统等，严重时可引起心室纤维颤动，致使心跳、呼吸停止。

电击可以由雷电、触及电线或带电体等引起的闪击所致。电击是触电事故中后果最严重的一种，主要表现为全身性反应，见表6-2。严重程度从轻度烧伤直至死亡，绝大部分触电死亡事故都是电击造成的。

表6-2　电击表现

类型	电击表现
全身表现	（1）轻者立刻出现惊慌、呆滞、面色苍白，接触部位肌肉收缩，头晕、心跳加速及全身乏力。 （2）重者出现昏迷、持续抽搐、心室纤维颤动、心跳和呼吸停止。 （3）严重电击者可能触电当时症状不重，但1 h后可突发恶化。 （4）触电后，可处于"假死"状态
局部表现	（1）电击伤一般有一个进口和多个出口。 （2）电流进口与出口部皮肤出现水疱，严重时组织焦化，肌肉与心肌凝固、断裂及血管破裂。 （3）灼伤皮肤呈灰黄色焦皮，中心部位低陷，周围无肿、痛等炎症反应
其他表现	（1）触电时肢体肌肉强烈收缩，有时可发生骨折或关节脱位。 （2）因意识丧失或肌肉收缩跌倒或从高处坠下，导致外伤或脑震荡

（二）按电流流过人体的路径分类

1. 单相触电

单相触电是指当人体接触带电设备或线路中的某一相导体时，一相电流通过人体流经大地回到中性点，如图6-4所示。统计资料显示，单相触电占触电事故的70%以上。

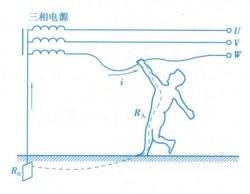

图6-4　单相触电

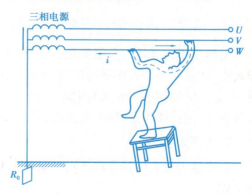

图6-5　两相触电

2. 两相触电

两相触电是指人体两个不同部位同时触及带电的任何两相电源的触电,如图 6-5 所示。不论中性点是否接地,人体受到的电压都是线电压,两相触电危险性大,后果往往比较严重。

3. 跨步电压触电

跨步电压触电是当有较强对地短路电流流入大地时,在接地点附近人体两脚间的跨步电压的触电。载流电线(尤其是高压线)断落触地或雷电流入地时,在导线接地点及周围会形成强电场,以接地点为圆心向周围扩散并逐渐降低,不同位置间存在电位差(电压),人、畜进入该区域,两脚间的电压称为跨步电压。高压线路接地点附近,跨步电压大,危险性也大。跨步电压触电双曲线分布如图 6-6 所示。

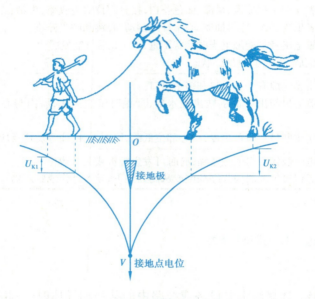

图 6-6 跨步电压触电双曲线分布

二、电流对人体伤害程度的决定因素

电作用于人体是一个很复杂的问题,受诸多因素影响。不同人在同样情况下产生的生理效应不同,同一个人在不同环境、不同生理状态下产生的生理效应也不相同。大量研究表明,电对人体的伤害主要来自电流,而电流对人体伤害程度主要取决于电流大小、电流种类及频率、电流持续作用时间、电流路径等。此外,还与人体阻抗、人体状态等诸多因素有关。

1. 电流大小

电流越大对人体伤害越严重。触电电流通常可分为感知电流、摆脱电流和室颤电流三个级别。

(1)感知电流是指能引起人体感觉但不会造成伤害的电流,感知电流会使人体产生麻酥、灼热感。通常,不同人、不同性别感知电流也不同。成年女性、男性平均感知电流分别约为 0.7 mA、1.1 mA。

感知电流还与电流频率有关，电流频率增加，感知电流也相应增加。如频率从 50 Hz 增至 5 000 Hz 时，男性感知电流也从 1.1 mA 增至 7 mA。

（2）摆脱电流是指人触电后可自行摆脱的最大电流。摆脱电流通过人体时，人体除有麻酥、灼热感外，还有疼痛、心律障碍感。成年女性、男性平均摆脱电流分别为 10.5 mA、16 mA。摆脱电流反映了人体触电后的摆脱能力，随触电时间延长而减小。我国规定正常成年男性的允许摆脱电流为 9 mA，成年女性的允许摆脱电流为 6 mA。

（3）致命电流是指人体触电后能危及生命的电流。电击致人死亡的主要原因是引起心室纤维性颤动。因此，致命电流也称为室颤电流。人体的室颤电流在 1 s 时约为 50 mA；0.1 s 时约为 400 mA，而室颤阈值约为 50 mA。

室颤电流与电流流过人体的路径、持续时间等因素关系密切。电流持续时间越长，对人体危害越严重。由于出汗、电流对人体组织的电解等作用人体电阻变小，电流对人体的伤害程度增加；另外，人的心脏收缩、舒张一次中间约有 0.1 s 间隙，此时心脏对电流最敏感，这一瞬间即使几十毫安的电流也会引起心室颤动。一般情况下，工频电流 15～20 mA 以下、直流 50 mA 以下对人体是安全的，如持续时间很长，即使 8～10 mA 电流也可能致命。

2. 电流种类及频率

电流种类不同，触电时对人体的伤害程度也不同。由实验可知，交流电对人体的伤害比直流电大。电压在 250～300 V 时，触及频率为 50 Hz 的交流电危险性比触及直流电大 3～4 倍。不同频率的交流电对人体的伤害也不同。通常，50～60 Hz 的交流电对人体伤害最大，低于或高于此频率的交流电对人体的伤害要小一些。但高频电流通常以电弧的形式出现，有发生灼伤的可能。

3. 电流持续作用时间

电流流过人体的时间越长，对人体的伤害越严重。特别是当电流持续作用时间超过心脏搏动周期时，极易造成心室颤动而引起触电者"临床死亡"。

4. 电流路径

电流路径不同，人体的生理反应及伤害程度也不同。电流通过脊髓会使人半截肢体瘫痪；通过中枢神经会引起窒息死亡；通过心脏会引起心室颤动而死亡，较大电流还会使心脏立刻停止跳动致死。因此，电流流过脊椎、中枢神经系统、心脏等要害部位时伤害严重，心脏是人体最软弱的器官，电流对其危害性最大。

相同的电流路径不同，流过心脏的电流大小也不同，危险性也不同。可用心脏电流系数表示不同电流路径对心脏电流的影响，心脏电流系数是指从左手到双脚的室颤电流与任一电流路径的室颤电流的比值。从胸部至左手是最危险的电流路径，其次是胸部至右手。对经常发生触电事故的四肢来说，相对危险的电流路径是从左手至左脚、右脚或双脚。从脚至脚的电流路径距离心脏较远，虽然从心脏流过的电流较小，但也不能忽视。如跨步电压触电从脚至脚，但因痉挛摔倒后电流会流过其他重要部位，也会导致严重后果。

5.人体状态

电流对人体的作用与人的性别、年龄、身体及精神状态等因素有关。一般情况下,对于电流,女性比男性敏感,儿童比成人敏感。相同的触电条件,妇女和儿童相对更容易受伤害。此外,患有疾病(如心脏病、精神病、结核病、内分泌器官疾病等)或酒醉的人,因触电造成的伤害一般都比正常人严重;相反,身体健康的人,因触电造成的伤害相对会轻一些。

三、触电事故的现场应急处置

一旦发生触电事故,人体受到电流刺激会产生损害作用,严重时心跳、呼吸骤停,立即让人处于"假死"状态。如现场抢救及时,方法正确,呈"假死"状态的人就可获救。有数据显示,触电后 1 min 开始救治,90% 有良好效果;触电后 6 min 开始救治,10% 有良好效果;触电后 12 min 开始救治,救活的可能性很小。触电急救必须争分夺秒,不能等待医务人员。为了做到及时急救,平时就要学习触电急救常识,开展必要的急救训练,具备急救能力。

触电现场急救八字原则"迅速、就地、准确、坚持",见表6-3。

表 6-3　触电现场急救八字原则含义

原则	含　义
迅速	迅速使触电者脱离电源,立即检查触电者的伤情,并及时拨打"120"
就地	立即就地抢救,谨慎选择长途送医院抢救,以免耽误最佳抢救时间
准确	人工呼吸、胸外按压动作和部位必须准确。如不准确,则救生无望或胸骨压断
坚持	坚持就有希望,有抢救 7 h 才把触电者救活的案例

(一)迅速脱离电源

发生触电事故后,首先要在最短时间内使触电者脱离电源。

1.脱离低压电源

脱离低压电源的原则:"拉、切、挑、拽、垫"。

(1)"拉"。如果触电地点距离设备开关或插头很近,应迅速拉开开关或拔掉插头。但应注意,拉线开关,平开关等只能控制一根线,此时,人身触及的导线还可能带电,有可能只切断了零线,不能认为已切断电源,应立即打电话通知有关部门断电。

(2)"切"。如果触电地点距离开关很远,可用绝缘手钳,手握斧、刀、铁锹等的干燥木柄把电线切断,同时应防止断落导线触及人体。多芯绞合线须分相,一根一根地切断,以防短路伤人。

(3)"挑"。当导线搭落在触电者身上或被压在身下时,可用干燥木棒、竹竿等或其他带有绝缘柄工具,迅速将电线挑开,使触电者脱离电源。不能使用金属棒或湿的工具去挑电线,以免救护人员触电。

(4)"拽"。可戴上手套或用干燥的衣服、围巾等绝缘物品包缠手上拖拽触电者,使其脱离电源。若触电者的衣裤干燥又没紧缠身上,可用单手(切勿用双手)抓住其不贴身的衣裤,将之拽离电源。拖拽时不能触碰触电者体肤。也可站在干燥的木板、橡胶垫等绝缘物品上,单手把触电者拽离电源。

(5)"垫"。若触电者因触电后痉挛手指紧握导线或导线缠绕在触电者身上,可把干燥木板塞进触电者身下,使触电者与地绝缘来隔断电源,再用其他方法切断电源。

2. 脱离高压电源

对于高压触电事故,首先考虑如何让触电者快速脱离电源。

(1)发现高压触电事故时,应立即通知有关部门停电。

(2)救护人员可戴绝缘手套,穿绝缘靴,使用相应电压等级的绝缘工具,按顺序拉开电源开关、熔断器。

(3)如不能迅速切断电源开关,可抛掷裸金属线使线路相间短路接地,迫使断路器跳闸。抛掷之前,先将金属线的一端可靠接地,再抛掷另一端。此方法危险性高,万不得已才能使用,操作不当可导致严重触电事故。

(4)在抢救过程中,应注意安全距离。如触电者触及坠落地面的高压导线,在未确认线路无电及未采取安全措施(如穿绝缘靴等)前,不能靠近断线点 8～10 m,以防跨步电压伤人。

(5)触电者脱离带电导线后,应迅速将其带至断线点 8～10 m 外,并立即进行触电急救。

(二)脱离电源后的处理

1. 判断触电者意识

判断触电者意识:"拍、按、叫、好"。

轻拍触电者肩部,高声呼叫触电者,如果触电者伤势不重、神志清醒,但有心慌、四肢发麻、全身无力症状,或触电者在触电过程中曾一度昏迷,但已经清醒过来,应使触电者安静休息,不要走动,并对其严密观察。若触电者无反应时,立即用手指甲掐压人中穴、合谷穴约 5 s。若触电者无苏醒迹象,救护人员应大声呼救,以获得更多的帮助。放好触电者体位,使触电者仰卧于硬板床或地上,头、颈、躯干平卧无扭曲,双手放于躯干两侧,解开紧身衣物,松开裤带,取出假牙,清除口腔中的异物。

2. 实施心肺复苏

触电者在脱离电源后应立即判断是否丧失意识,然后根据不同的情况采取相应的心肺复苏措施。

在抢救时,如触电者同时有外伤,应视其伤势严重程度分别处理。对不危及生命的轻度外伤,可在心肺复苏后处理;对有严重外伤时,应与心肺复苏术同时处理,如止血、伤口包扎等,并应尽量防止创面感染。

【任务小结】

本任务主要学习触电事故的类型,电流对人体伤害程度的决定因素,触电事故的现场应急处置等内容,重点介绍了触电事故的现场应急处置。学生通过本任务的学习,能够掌握低压电触电事故和高压电触电事故的应急处置方法,提高安全用电的意识和技能。

【思考讨论】

1. 电流对人体伤害程度的决定因素有哪些?
2. 触电事故的现场应急处置程序是什么?

【学习评价】

技能要点	评价关键点	分值/分	自我评价（20%）	小组互评（30%）	教师评价（50%）
触电事故的类型	理解电伤和电击	10			
	理解单相、两相和跨步电压触电	10			
电流对人体伤害程度的决定因素	熟悉电流大小对触电事故的影响	10			
	熟悉电流种类及频率对触电事故的影响	10			
	熟悉电流持续作用时间对触电事故的影响	10			
	熟悉电流路径对触电事故的影响	10			
	熟悉人体状态对触电事故的影响	10			
触电事故的现场应急处置	掌握迅速脱离电源的方法	20			
	掌握脱离电源后的处理措施	10			
总得分		100			

任务四　淹溺事故应急处置

【任务实施】

一、淹溺事故发生的原因

淹溺事故是指人淹没于水或其他液体介质中,因水充满呼吸道和肺泡引起缺氧窒息,吸收到血液循环的水引起血液渗透压改变、电解质紊乱和组织损害,最后造成呼吸停止和心脏停搏而死亡的事故。淹溺事故可能发生在作业现场或周围有水区域,如蓄水池、水库、河道等。人淹没于水中,大量的水、泥沙、杂物等经口鼻进入肺,阻塞呼吸道造成缺氧、窒息,进而导致神志不清、昏迷甚至死亡,如图6-7所示。

图6-7　淹溺事故

淹溺事故导致死亡的案例在日常生活及工作中屡见不鲜,引起了社会的广泛关注。根据诸多淹溺事故案例,淹溺事故发生的原因归结为以下几个方面。

(一)安全防护装置缺失或故障

淹溺事故发生的原因比较复杂,普遍存在的一个原因是淹溺可能发生的位置或区域,缺少防护栏杆、盖板等安全防护装置,也未设置明显的安全警示标志。如果作业过程中或路过时不小心,均有可能发生淹溺事故。

(二)安全意识淡薄,缺乏安全知识技能

较多淹溺事故案例表明,单位未严格组织制订并实施安全生产教育和培训计划,安全生产教育和培训缺失或不到位,工人不具备必要的安全生产知识和岗位安全操作技能。如工作时站位不当,不慎掉入池中造成淹溺事故;工作时信息联系不当,在进入冲水沟作业过程中,启动高压泵,将作业人员冲入池中,造成淹溺事故等。

(三)缺乏事故应急能力

社区或单位应急演练、培训不到位,民众缺乏淹溺事故应急能力,以致发生淹溺事故时,不知道应该如何处理,错失最佳应急救援时间,导致淹溺事故发生。

二、淹溺事故的特点

淹溺事故在发生的过程中,具有如下特点。

(一)应急救援时间紧迫

发生淹溺事故时,淹溺者在短时间内就可能出现生命危险。淹溺者因吸水入肺导致缺

氧,在 0.5~2 min 就可失去意识,丧失本能呼吸功能,进入"假死"状态;一般 4~7 min 就可导致心脏骤停。因此,淹溺事故救援时间十分紧迫。

(二)淹溺死亡率高

淹溺者可能因强烈的心理恐慌、急性心律不齐、脑出血等导致手脚不能动弹,很快沉入水中。溺水时,轻者脸色苍白、口唇青紫、恐惧、呼吸心跳减弱等,但神志清楚;重者面部青紫肿胀、口腔带有血色或充满泡沫、四肢冰凉、上腹膨胀、昏迷、抽搐、呼吸心跳停止等。淹溺事故如得不到及时的应急处理,淹溺者死亡率极高。

(三)救援时间长

淹溺事故发生后,从发现事故到救援人员赶到淹溺现场,需要一定的时间;救援人员到达后,淹溺者大都处于淹没状态,找到待救者具体位置的难度较大,搜救行动持续时间较长,特别是在流动水域,水深或水流快等因素直接提升救援难度。

(四)救援行动要求高

淹溺现场救援人员需经过专门的技术培训,专业性强,技术含量高,操作要求高。需要潜水作业时,还必须由专业潜水人员,着潜水服下水施救。对于淹溺事故,常用的救援装备有消防艇、冲锋舟、救生衣、救生圈、救生发射枪、搜索定位装置、救生网、漂浮担架、安全绳、安全带、照明灯、望远镜等。

三、淹溺事故现场应急处置

(一)第一目击者救援

淹溺事故发生时,第一目击者在早期营救中发挥着非常关键的作用。但第一目击者也常常在营救中受伤或死亡,特别是冲浪、急流及水塘、海边等自然水域。非专业救生人员尽量不要下水营救。

(1)当发生淹溺事件时,现场的第一目击者应立刻启动现场应急救援程序。首先应呼叫事故现场周围人员援助,有条件时应尽快通知附近的"110"、消防人员或专业水上救生人员。

(2)第一目击者在专业救援到来之前,可向淹溺者投递竹竿、衣物、绳索、漂浮物等。

①如淹溺者离岸较近,告诉淹溺者尝试抓住竹竿、衣物等救援物;如淹溺者离岸较远,向淹溺者抛掷绳索或供其漂浮的物品;如必须下水营救,应借助专用浮力救援设备等接近淹溺者。

②不推荐非专业救生人员下水应急处置。

③两人一同下水救援比单人更安全,但不推荐多人手拉手下水救援。人手的握力有限,多人手拉手下水救援经常会因脱手导致施救者溺死,特别是急流、冲浪、水塘、海边等自然水域。

④救援时,切勿将头扎进水里跳水救人,救援人员可能会失去与淹溺者的视觉接触,还有可能增加脊柱损伤。

(3)第一目击者直接入水救援注意事项。

不要从正面去救援,否则会被溺水者抱住,让救援者也无法游动,导致双方下沉。要从溺水者后方进行救援。用一只手从其腋下插入握住其对侧的手,也可以托住其头部,用仰游方式将其拖至岸边。拖带溺水者的关键是让他的头部露出水面。

(4)现场应急救援的同时,应尽快拨打"120"急救电话。打电话时应言简意赅,特别要讲清楚具体地点,最好约定明显标志物等候,一旦急救车到来可迅速引领医疗人员到事故现场。呼叫者应服从调度人员的询问程序,如有可能,可在调度指导下对淹溺者进行现场应急处置。如淹溺者出现心搏和呼吸骤停,需要进行心肺复苏。

(二)专业人员水中救援

(1)在进行水中救援时,专业救生员会先进行淹溺者的存活判断。若淹溺者心跳和呼吸停止,专业救生员应尽早开始心肺复苏,可增加淹溺者的复苏成功率。专业救生员可在借助漂浮救援设施实施水中通气。不建议非专业救生人员在水中实施人工呼吸。

(2)若在深水区发现淹溺者无反应时,可实施水中通气,淹溺者可能会有反应;若无反应,救生员需根据具体情况决定尽快将淹溺者带往岸边还是继续在原地实施水中通气,直至救援船或直升机到达接管应急救援。

(3)一旦将淹溺者救出,除非有明显的不可逆死亡证据,均应立即进行心肺复苏,并在保持按压质量的前提下,尽快转送至医院治疗。

(4)淹溺者颈椎损伤的概率很低,不必要的颈椎固定可能影响气道开放,甚至导致并发症,延误呼吸复苏。

(5)在不影响心肺复苏的前提下,尽可能去除淹溺者身上的湿衣服,并擦干身体,防止淹溺者出现体温过低的症状(低于32 ℃)。

(三)岸边基础生命支持

基础生命支持应遵循的顺序为:放置伤者、判断意识及呼吸(脉搏)、胸外按压、开放气道、人工通气。

淹溺者接受胸外按压或人工呼吸时,可能出现呕吐。研究数据表明,65%接受单纯人工呼吸、86%接受胸外按压和人工呼吸的淹溺者都出现了呕吐。若淹溺者呕吐,应立即将其翻转至一侧,用吸引器、手指等清除呕吐物,防止淹溺者窒息。

淹溺者无论伤势轻重,经历过淹溺的人员均应送至医院观察、治疗。

【任务小结】

本任务主要学习了淹溺事故发生的原因、淹溺事故的特点、淹溺事故现场应急处置等内容,重点介绍了淹溺事故现场应急处置的措施。学生通过本任务的学习,能够掌握淹溺事故的应急处置,具备对淹溺事故的救援能力。

【思考讨论】

　　1.第一目击者发现有人落水后,该怎样处理?

　　2.对落水者施救过程中,如何维持落水者的基础生命?

【学习评价】

技能要点	评价关键点	分值/分	自我评价（20%）	小组互评（30%）	教师评价（50%）
淹溺事故发生的原因	熟悉淹溺事故发生的原因	10			
淹溺事故的特点	了解淹溺事故的特点	10			
淹溺事故现场应急处置	掌握第一目击者发现淹溺事故后该如何做	30			
	掌握专业人员如何水中救援	20			
	掌握岸边对落水者的基础生命的支持措施	30			
总得分		100			

任务五　　灼伤事故应急处置

【任务实施】

一、灼伤及其分类

　　由于热力或化学物质作用于身体,引起局部组织损伤,并通过受损的皮肤、黏膜组织导致全身病理、生理改变;有些化学物质还可以被创面吸收,引起全身中毒的病理过程,称为灼伤。

　　灼伤可分为热力灼伤、化学灼伤、电灼伤和放射性灼伤。灼伤以热力灼伤最多见,占各类灼伤原因中的85%～90%。近年来,由于化学工业的迅速发展,电力的普遍使用,化学灼伤和电灼伤占比已有上升的趋势。

（一）热力灼伤

热力灼伤是指因接触火焰、烟雾、炙热物体、过热蒸气、高温表面等所造成人体组织或器官的损伤。热源可通过辐射、传导和对流造成人体组织灼伤。而热源温度、接触或暴露时间及热能转移效能等决定灼伤的严重程度。皮肤对热有耐受限度，红细胞热力阈值为 50 ℃。

（二）化学灼伤

化学灼伤是指因化学物质直接接触皮肤所引起的损伤。常见的可导致化学灼伤的物质有强酸（如硝酸、硫酸、盐酸、碳酸、氢氟酸等）、强碱（如氢氧化钠、氢氧化钾、氨水、生石灰、氟化钠等）、磷、糜烂性毒剂（如芥子气等）等。这些物质不仅能造成局部热力损伤，还能使皮肤甚至皮下组织的细胞发生脱水、变性、坏死、皂化等改变。这些物质如不及时清除、中和或拮抗，可继续作用于皮肤表面、水泡下和深部，加深、加重损伤。

（三）电灼伤

电灼伤指电流通过人体产生热效应、电生理效应、电化学效应和电弧、电火花等致人体以及皮肤、皮下组织深层肌肉、血管、神经、骨关节和内部脏器的广泛损伤。

电灼伤可分为电接触损伤和电弧灼伤（或电火花损伤）。前者是真正意义上的电灼伤，而电弧灼伤同一般的热力灼伤。电流接触皮肤时，电流热能使皮肤凝固炭化，电阻降低，电流沿电阻最小的血液和神经行走，形成血管内血栓，致大范围肌肉缺血坏死。电流还可击穿某些细胞（如肌细胞、神经细胞）的细胞膜，引起细胞代谢紊乱，变性坏死。

（四）放射性灼伤

放射性灼伤是指由大剂量 X、γ 射线、放射性电子束和尘埃外照射后，除可引起全身放射性反应外，还可引起局部严重的放射性灼伤。一般均是由意外事故引起。放射性灼伤的严重程度取决于射线种类和照射剂量，有一定的潜伏期，病程发展较为缓慢，后果严重，常伴有全身毒性反应。

二、灼伤深度的等级划分

我国及国际上惯用的是三度四分法，即把灼伤深度分为Ⅰ度灼伤、Ⅱ度灼伤（又分为浅Ⅱ度、深Ⅱ度）和Ⅲ度灼伤。

（1）Ⅰ度灼伤：一般仅伤及表皮，不伤及生发层，局部皮肤发红，有轻度肿胀及疼痛，无水泡。如不感染，2 ~ 3 d 红斑可消，3 ~ 5 d 可痊愈，不留疤痕。少数会有色素沉着，基本上可在短期内恢复正常。

（2）Ⅱ度灼伤：根据伤及皮肤的深浅又被划分为浅Ⅱ度灼伤和深Ⅱ度灼伤。

①浅Ⅱ度灼伤。灼伤至真皮浅层，生发层部分受损。表皮层与真皮层分离，形成水泡，去除水泡后基底淡红，创面常有液体渗出，水肿明显，有剧痛。如无感染，1 ~ 2 周可痊愈，不

留疤痕,但短期内有色素沉着。

②深Ⅱ度灼伤。灼伤至真皮深度,生发层完全被毁,仅存汗腺、毛囊和皮脂腺根部,局部有水泡(若灼伤皮肤较厚也可不发生水疱)。因有大量坏死组织存在,易感染。水肿明显,有痛觉但触觉迟钝。若无感染,一般经3~4周可痊愈,愈后留有瘢痕,瘢痕处可能存在功能障碍。如感染,破坏了上皮组织,创面经植皮方能愈合。

(3)Ⅲ度灼伤。灼伤全层皮肤或皮下组织,甚至肌肉、骨骼和内脏器官。伤面呈皮革样,色苍白、焦黄,甚至炭化,感觉丧失,触之较硬,可见栓塞的皮下静脉(枯树枝状)。3~4周焦痂脱落,除小面积Ⅲ度灼伤由周围皮肤爬行可自行愈合外,一般需植皮才能愈合。灼伤留有疤痕,甚至畸形,严重时须截肢。

三、灼伤的现场应急处置

(一)热力灼伤现场应急处置

1. 热力灼伤的特点

(1)热力灼伤时局部组织细胞的形态、功能和代谢均可造成严重损害,其损害程度与热源强度、皮肤接触时间有关。一般情况下,热力越高、接触时间越长,损害就越严重。

(2)如果温度达70 ℃以上时,1 s内就可使表皮全层坏死,因此,有效的急救是挽救患者生命、减少损伤的关键。

2. 热力灼伤的现场应急处置

现场急救是热力灼伤救治的一个关键环节,方法是否得当会直接影响后续的治疗。应急处置的基本原则是尽快终止或脱离热源,脱离现场和危及生命的环境。

(1)尽快终止或脱离热源。具体方法步骤为:

①先将伤者带离火场,转移至安全场所。尽快扑灭身上火焰、脱去着火或浸渍热液的衣物,以免热源继续作用,加深创面。

②如有伤者意识障碍或失去移动能力,用灭火器扑救灭火时,应避免造成伤者窒息。

③伤者衣服着火时,阻止其站立或奔跑呼叫,避免火势加速燃烧。

④当火场有大量的烟雾时,应急救援人员应贴近地面或在地面上爬行,可减少有毒烟雾的吸入,最好佩戴呼吸防护用品。

⑤所有烧灼的衣物(包括腰带、袜子和鞋子)应仔细移除,已熔化黏在灼伤创面的应保持原状;项链、手链等饰品也应取掉,因其能长时间保存热量,继续造成损害;戒指会造成类似止血带样紧缩效应,可导致手指末端循环障碍。

(2)检查生命体征及有无危及生命的复合伤。脱离致伤源后,应尽快判断病情,首先检查伤者生命体征、有无危及生命的复合伤。如伤者心脏骤停、呼吸停止,应立即进行胸外心脏按压和人工呼吸救援,并迅速送至就近医院处理。

(3)吸入损伤处理。热力灼伤常伴有吸入损伤,在受伤当时可能无症状,但伤后因呼吸道充血水肿很快会导致上呼吸道梗阻,危及生命。因此,应密切监护伤者呼吸道梗阻的症状,及时采取措施。

(4)创面处理。热力灼伤创面处理的具体方法如下:

①尽早冷疗。创面处理的首要目标是及时降温,冷疗能防止热力继续使创面加深,并可减轻疼痛,减少渗出及水肿。冷疗越早效果越好。冷疗一般适用于中小面积灼伤,尤其是四肢灼伤。冷疗的具体做法是用自来水淋洗创面,或将创面浸入 15～20 ℃水中,或用浸湿的纱布、毛巾等冷敷创面,冷疗不再有剧痛时可停止(一般需 0.5～1 h)。若大面积灼伤者,尤其在寒冷季节,应谨慎选择冷水浸浴,超出伤者承受能力会加重应急。

②保护创面。现场应急处置,不可再污染、损伤创面,以"简单包扎,防止污染"为原则。若有条件可用无菌敷料包扎,也可用被单、衣物简单覆盖。创面处理时需特别注意,不要涂牙膏、香油、酱油、蛋清等物,也不要涂红汞、紫药水等有色药物,以防影响创面引流及医生诊治。

(5)及时补液治疗。早期及时补液可迅速纠正低血容量性休克。急救现场如不具备输液条件,伤者可口服含盐饮料,应注意防止单纯大量饮水发生水中毒。大面积灼伤者,只要条件允许,应尽快建立静脉通路,如严重口渴、烦躁不安、有休克危险的伤者,应加快输液。

(6)复合伤治疗。事故现场的混乱、心理的恐慌、迫切逃离的尝试等因素均有引发复合伤的可能。对复合伤应及时对症处理,如出血应加压包扎,骨折要妥善固定,并迅速送至附近医院处理。

(7)记录伤者信息。及时、准确记录伤者的基本信息,填写灼伤原因,灼伤面积、深度,复合伤情况和处理措施等,为后续治疗提供参考。

(二)化学灼伤的现场应急处置

1. 化学灼伤的原因

化学灼伤的症状和热力灼伤大致相同,但需特别重视化学灼伤时的中毒反应。在化工生产中,常因物料的泄漏、喷溅等引起接触性外伤。其原因主要有如下几个方面:

(1)设备、容器、管线等的腐蚀、开裂和泄漏引起物料外喷或流泄。

(2)由火灾爆炸事故形成的次生伤害。

(3)无安全操作规程或安全操作规程不完善。

(4)违章操作。

(5)未穿戴必需的个人防护用品或穿戴不齐全。

(6)操作人员疏忽大意或误操作,如在未解除压力之前开启设备。

2. 现场应急处置

化学灼伤的处理原则同热力灼伤,应先迅速离开现场至安全地带,终止化学物质对机体的持续损伤。

(1)立即脱离致伤源。化学灼伤后,要快速脱掉或剪掉被化学物质浸渍的衣物等。若产生化学烟雾,应用湿毛巾等捂住口鼻,防止吸入损伤、中毒。

(2)清水冲洗。立即用清水长时间冲洗,洗去残留化学物质的同时带走部分热能,终止

继续损害,减轻灼伤深度。冲洗时应注意:

①冲洗越早越好,立即冲洗后再送医院,强调一定不能忽略现场冲洗。

②冲洗时间应足够长(至少半小时以上),若伤情稳定,时间还可延长。

③头面部灼伤时,应注意眼、耳、鼻的冲洗。

④应用流动水冲洗,一般为凉的自来水,能加快散热、使血管收缩、减少毒物吸收。

⑤现场应急救援时,如伤者身上有生石灰(主要成分为氧化钙),因生石灰遇水会产生大量的热,应先将生石灰清除干净,再用水冲洗。

(3)中和剂冲洗。目前,并不强调用中和剂冲洗。理论上,用中和剂冲洗可起到中和作用,但中和反应产生的热量会加重损伤;另外,酸碱中和的产物盐可被机体吸收甚至引起中毒。如:大面积黄磷灼伤时,用硫酸铜冲洗或湿敷可导致铜中毒。中和剂冲洗后仍需用清水冲洗,因此持续、流动的清水冲洗效果最好。

3.酸灼伤现场应急处置

常见的酸灼伤为硫酸、盐酸、硝酸灼伤,其次为氢氟酸等灼伤。

(1)酸灼伤后应立即去除沾染酸液的衣物,并立即用大量流动的清水冲洗。

(2)酸的中和剂为2%～5%的碳酸氢钠、2.5%的氢氧化镁。一般不使用中和剂。因使用中和剂冲洗后,仍需继续用大量流动的清水冲洗创面,清除残留的中和剂及中和产生的热和产物。

(3)消化道酸灼伤时,应立即口服牛奶、蛋清、镁乳、氢氧化铝凝胶等中和剂。忌口服碳酸氢钠中和剂,以防产气过多导致胃胀、胃穿孔。禁止使用胃管洗胃或催吐药。

(4)强酸灼伤创面处理同一般热力灼伤。氢氟酸穿透组织的能力强,其创面一般能进行性加深,需早期彻底清创,清除坏死组织。

(5)如有条件,吸入损伤者可用2%～5%的碳酸氢钠溶液进行雾化吸入。

(6)大面积酸灼伤时,应进行抗休克治疗,并注意预防感染。

4.碱灼伤现场应急处置

常见的碱灼伤有苛性碱(氢氧化钾、氢氧化钠)、石灰和氨水等灼伤。

(1)碱灼伤后应立即去除被碱沾染的衣物,并立即用大量流动的清水冲洗。现场应急冲洗越早、时间越长,效果越好。

(2)碱的中和剂为0.5%～5%的醋酸、2%的硼酸。一般不使用中和剂,因使用中和剂冲洗后,仍需继续用大量流动的清水冲洗创面,清除残留的中和剂及中和产生的热和产物。

(3)碱灼伤创面与酸灼伤不同,它可继续渗透至深部组织,皂化脂肪,持续加深创面,不形成痂皮。对碱灼伤创面要尽早进行清创处理,彻底清除坏死组织。

5.磷灼伤现场应急处置

最易造成磷灼伤的是黄磷,着火点34 ℃,可自燃,须在水中保存。

(1)磷灼伤时,应迅速脱去燃烧的衣物、鞋袜,脱离燃烧空间,用大量流动的清水冲洗是最有效的应急措施。冲洗时间越长越好(一般应半小时以上),如果创面仍冒白烟,有大蒜样气味,说明磷仍在燃烧,应继续用大量清水冲洗。

（2）若事故现场有磷燃烧的烟雾,应用湿毛巾或口罩捂住口鼻,防止吸入烟雾导致呼吸道损伤。

（3）磷灼伤者在转运途中,创面湿敷后用湿布包扎,或将创面浸入水中,防止因磷自燃加深创面损伤。忌用敞篷车转运伤者,禁止用油脂类敷料覆盖磷灼伤创面,也不能用凡士林纱布覆盖。

（三）电灼伤的现场应急处置

现场应急救援需争分夺秒、反应敏捷、迅速抢救。

（1）立即脱离电源。结合现场实际,在保证安全的情况下,使伤者尽快脱离电源,具体做法请参考触电事故现场应急处置。

（2）心肺复苏。脱离电源后立刻检查伤者情况,若伤者呼吸、心跳尚存,应解开其衣物,避免围观,保持空气流通;若伤者呼吸、心跳停止,应立即实施人工呼吸和胸外心脏按压进行救助。心肺复苏是挽救生命的重要措施。

（四）放射性灼伤的现场应急处置

1. 放射性灼伤的特点

（1）放射性灼伤除了照射部位皮肤损伤外,也会造成其他组织的损伤,但皮肤损伤表现得更严重。

（2）一次性大剂量放射线照射或较短时间内多次照射,可引起皮肤急性放射性损伤,根据剂量大小可分为Ⅰ～Ⅳ度,与普通灼伤分类略有不同。

①Ⅰ度:脱毛反应。照射部位一般从照射后2周开始毛发脱落。

②Ⅱ度:红斑反应。

③Ⅲ度:水泡反应。数天后有水泡出现。

④Ⅳ度:溃疡反应。照射部位水泡破溃,形成溃疡。

（3）小剂量多次照射或大剂量照射创面,愈合后若再次出现创面,通常为皮肤慢性放射性灼伤,一般为Ⅱ度以上创面。

（4）放射性灼伤的严重程度与放射剂量、照射时间有关,还与射线性质、照射部位、个体差异等因素有关。

2. 放射性灼伤现场应急处置

（1）立即脱离致伤源。使伤者脱离射线环境的具体方法如下:

①应急救援人员要注意个体防护,必须穿戴相关防辐射衣物,避免造成自身放射性灼伤。

②立即将伤者带离现场,脱离辐射范围至安全区域,并迅速脱去被射线污染的衣物。

③不可随意丢弃被射线污染的衣物,应将衣物用专门的储物袋密封,做好标志,以便后期循证。

（2）尽快彻底洗消。具体方法为:

①去除被污染的衣物后,应立即洗消。洗消应在洗消帐篷中进行,如伤者数量较多,可借助消防设施搭建临时的去污场所进行洗消。

②立即用清水或肥皂水冲洗被污染区域,如有开放伤口或眼、口腔、鼻污染,应用生理盐水冲洗。

③用放射现场配制的一般洗消剂或特殊制剂去污。

④放射性物质不明且污染难以去除时,可用6.5%高锰酸钾溶液刷洗3～5 min,再用10%～20%盐酸羟胺溶液刷洗、再冲洗,一般可消除污染物。

⑤洗消注意事项:不可使用硬毛刷;洗刷次数不宜过多;不可使用刺激性强及能促进放射性物质吸收的制剂。

【任务小结】

本任务主要学习灼伤事故的应急处置措施,具体介绍了灼伤及其分类,灼伤深度的等级划分,灼伤的现场应急处置等内容,重点介绍了热力灼伤现场应急处置,化学灼伤的现场应急处置,电灼伤的现场应急处置,放射性灼伤的现场应急处置四部分的内容。学生通过本任务的学习,能够掌握灼伤事故的应急处置,具备对灼伤事故的救援能力。

【思考讨论】

1. 灼伤事故的创面处理有哪些措施?
2. 碱灼伤创面与酸灼伤有哪些不同?

【学习评价】

技能要点	评价关键点	分值/分	自我评价（20%）	小组互评（30%）	教师评价（50%）
灼伤事故基础知识	熟悉灼伤事故的定义及其分类	10			
	熟悉灼伤深度的等级划分	10			
灼伤的现场应急处置	掌握热力灼伤的现场应急处置	20			
	掌握化学灼伤的现场应急处置	20			
	掌握电灼伤的现场应急处置	20			
	掌握放射性灼伤的现场应急处置	20			
总得分		100			

任务六　燃气事故应急处置

【任务实施】

　　城市居民生活所用燃气都具有易燃、易爆的特点,一旦泄漏就容易引发闪爆事故,而且煤气含有毒的一氧化碳,人吸入一定量的煤气,会引起中毒死亡。任何燃气都必须有氧气助燃,如长时间在使用燃气的密闭空间逗留,会造成人员窒息中毒,甚至死亡。

一、燃气泄漏

　　闻到家中有可燃气体异味时,应立即引起注意并采取措施,以免造成人员伤亡。

(一)自救措施

　　1.当闻到家中有轻微可燃气体异味时,迅速关闭各阀门。立即开门开窗,形成通风对流,降低泄漏的可燃气体浓度。不要进入可燃气体异味浓烈的房间,以免中毒或窒息。

　　2.在开窗通风的同时,不要开关电器如开灯(无论是拉线式还是按钮式)、开排风扇、开抽油烟机和打电话(不论是座机还是手机)等。杜绝一切火种。

　　3.燃气管路或燃气灶着火时,只要关闭其上部的阀门,燃气火焰就会熄灭。也可先用灭火器、小苏打粉、湿抹布将火扑灭,再迅速关闭阀门。

　　4.发现大量燃气泄漏时,要尽快脱离并告知邻居疏散,同时向燃气管理部门和消防队报警。

(二)注意事项

　　1.绝不可用火柴或打火机点火的方法寻找燃气器具或管线的漏气处。常用的检漏方法是在接头处、管件上涂肥皂液,看是否有气泡产生。

　　2.不要自行维修、安装燃气器具。到指定的或正规天然气液化石油气站(商店)购买专用软管和匹配的软管卡扣、减压阀等。

　　3.定期检查和更换软管,软管使用期限不超过 18 个月。

　　4.使用炉灶时,尤其是燃气炉灶时不能离人,以防饭锅和水壶内的水溢出后浇灭炉灶火焰,造成燃气扩散引起爆炸。

　　5.严格按有关规定使用液化石油气钢瓶。

　　(1)选购由液化气合格经营企业经销的瓶装液化气,不要购买上门兜售的瓶装液化气。

　　(2)储气瓶不要超量充装,不要往厕所和地沟内倾倒液化石油气残液。

(3)储气瓶严防暴晒,严禁靠近明火或温度较高的地方。

(4)储气瓶直立使用,严禁倒立或卧倒使用。

(5)储气瓶不管是满瓶或空瓶,严禁摔、踢、滚和撞击。

(6)不准用开水浇或火烤储气瓶。

(7)使用液化气时,瓶与灶具的距离要并排放置,瓶与灶具的最外侧之间的距离不得小于80 cm。

二、燃气热水器事故

使用燃气热水器时,闻到有异味,应迅速辨别,并及时采取措施。

(一)自救措施

(1)迅速关掉燃气总阀门。

(2)迅速打开门窗,加强通风。

(3)杜绝一切火种,禁止开、关电器用具。

(4)在安全场所打电话给燃气公司保修。

(二)注意事项

(1)燃气热水器的类型与所用气体要严格一致,绝不能混用。

(2)燃气热水器周围应避开可燃物,以确保安全。

(3)燃气热水器必须安装烟道。

(4)要选择好安装燃气热水器的位置,尽量不要将其安装在浴室内。

(5)使用燃气热水器时,要严格按照产品说明书要求,发现异常情况及时保修,切勿自行修理。

(6)根据国家规定,燃气热水器的使用年限为8年,用户应及时更换。

三、煤气中毒

家庭中煤气中毒主要指一氧化碳、液化石油气、管道煤气、天然气中毒。前一种多见于冬天用煤炉取暖,门窗紧闭,排烟不良时,后三者常见于液化灶具泄漏或煤气管道泄漏等。煤气中毒时伤者最初感觉为头痛、头昏、恶心、呕吐、软弱无力,大部分伤者迅速发生抽筋、昏迷,两颊、前胸皮肤及口唇呈樱桃红色,如救治不及时,可很快因呼吸抑制而死亡。

(一)自救措施

(1)立即打开门窗,让新鲜空气进入室内。把伤者转移到通风良好、空气新鲜的地方,并注意保暖。

(2)松解伤者的衣扣、胸衣、腰带等,清除口鼻分泌物,保持呼吸道通畅。

(3)如果伤者已处于无知觉状态,应将其平放,进行人工呼吸。如果伤者曾发生呕吐,人

工呼吸前应先清除口腔中的呕吐物。

（4）拨打"120"，立即送往医院救治。

（二）注意事项

（1）检查煤气有无泄漏，安装是否合理，燃气灶具有无故障，使用方法是否正确等。

（2）尽量不使用煤炉取暖，如果使用，必须遵守煤炉取暖规则，切勿马虎。

（3）在厨房内安装排气扇或排油烟机。

【任务小结】

本任务主要学习燃气事故的应急处置措施，具体介绍燃气泄漏和燃气热水器、煤气中毒三种类型的事故。学生通过本任务的学习，能够掌握燃气事故的应急处置。

【思考讨论】

1. 燃气泄漏事故如何处理？

2. 煤气中毒事故如何处理？

【学习评价】

技能要点	评价关键点	分值/分	自我评价（20%）	小组互评（30%）	教师评价（50%）
燃气泄漏事故应急处置	正确处理燃气泄漏事故	30			
	熟悉燃气泄漏处理的注意事项	10			
燃气热水器事故应急处置	正确处理燃气热水器事故	20			
	熟悉燃气热水器事故处理的注意事项	10			
煤气中毒事故应急处置	正确处理煤气中毒事故	20			
	熟悉煤气中毒事故处理的注意事项	10			
总得分		100			

任务七 交通事故应急处置

【任务实施】

近年来,我国每年都会发生近 20 万起交通事故,造成大量的人员伤亡和财产损失,平均每 8 min 就有 1 人因车祸死亡! 公安部公布的数据显示,截至 2020 年 9 月,全国机动车保有量达 3.65 亿辆,其中汽车 2.75 亿辆;机动车驾驶人 4.5 亿人,其中汽车驾驶人 4.1 亿人。中国已经成为名副其实的汽车大国,但随之而来的是,道路交通安全问题越发突出。

一、交通事故应急处理程序

道路交通事故应急处理包括以下程序。

(一)立即停车

交通事故发生后,必须立即停车。停车以后,按规定拉紧手刹制动,切断电源,开启危险信号灯。如在夜间发生事故,还需开示廓灯、尾灯。在高速公路发生事故时,须在车后按规定设置危险警告标志。

(二)及时报案

交通事故发生后,当事人应及时将事故发生时间、地点、肇事车辆及伤亡情况,打电话或委托过往车辆、行人向附近的公安机关或执勤交警报案。在警察到来之前,不能离开事故现场,不允许隐匿不报。在报警的同时,也可向附近的医疗单位、急救中心呼救求援。如果现场发生火灾,还应向消防部门报告。交通事故报警电话号码为"110"或"122"。当事人应得到接警机关明确答复后才可挂机,并立即回到现场等候救援及接受调查处理等。

(三)抢救伤者

确认受伤者的伤情后,能采取紧急抢救措施的,应尽最大努力抢救,包括采取止血、包扎、固定、搬运和心肺复苏等措施,并设法送就近的医院抢救治疗。对现场散落的物品,应妥善保护,注意防盗、防抢。

(四)保护现场

保持现场处于原始状态,包括其中的车辆、人员、牲畜和遗留的痕迹,不随意挪动散落物位置。在交通警察到来之前,可以用绳索等设置保护警戒线,防止无关人员、车辆等进入,避免现场遭受人为或自然条件的破坏。为抢救伤者,必须移动现场肇事车辆、伤者时,应在其原始位置做好标记,不得故意破坏、伪造现场。

(五)做好防火、防爆措施

做好防火、防爆措施。首先,关掉车辆的引擎,消除其他可以引起火警的隐患;其次,不要在事故现场吸烟,以防引燃易燃、易爆物品。载有危险物品的车辆发生事故时,要及时将危险物品的化学特性,如是否有毒、易燃易爆、腐蚀性及装载量、泄漏量等情况通知警方及消防人员,以便采取防范措施。

(六)协助现场调查取证

在交通警察勘查现场和调查取证时,当事人必须如实向交警部门陈述交通事故发生的经过,不得隐瞒交通事故的真实情况。

过往车辆驾驶人员和行人遇见交通事故,应当予以协助,协助事故当事人向事故处理机关报告;协助有关部门维护现场秩序;协助积极抢救伤者等。行人若目睹事故的发生经过,应该向交警部门阐明事实。如果有肇事司机逃逸,应该记录下肇事车辆的车牌号码及逃逸方向,向交警部门报告。

二、交通事故受伤急救

(一)头部外伤急救

在交通事故死亡者中,头部外伤占半数以上,60%～70%死于伤后24 h内,有相当一部分是因为急救不力造成的。

(1)头皮裂伤:头皮血管丰富,受伤后出血较多,易形成血肿和失血性休克,对此类伤进行止血包扎即可。

(2)颅脑挫裂伤:颅内出血、颅骨骨折,患者常表现为神志不清、瞳孔一大一小、剧烈呕吐、抽风、瘫痪等,情况非常严重。

急救措施:首先检查伤者是否有重度头部外伤,查看伤者神志、瞳孔、呼吸、脉搏等生命体征。最好让伤者侧卧,头后仰,保证呼吸道通畅。呼吸停止者立即口对口吹气,心跳停止时行心肺复苏术,同时给急救中心打电话请求抢救。

如头部出血较多,用加压包扎法止血。发现鼻孔、耳朵流血,可能是脑脊液外漏,病情严重。一定让伤者平卧,受伤的一侧向下,不可堵塞耳朵,以免引起颅内感染。如果喉、鼻大量出血,要保持头侧卧位以防窒息。如有脑组织从伤口脱出时,不能加压,以免加重损伤。

(二)胸部外伤急救

由于人们在乘车时的位置关系,交通事故所致胸部外伤的比例也非常高。胸腔内有人体的重要脏器心脏、肺脏、大血管。车祸所致的血胸、气胸和肋骨骨折发生率高,如不及时抢

救,也会很快危及生命。胸部外伤急救措施如下:

(1)开放性气胸尽快用无菌纱布封闭伤口,同时给予吸氧,尽早送医院手术治疗。

(2)清除呼吸道的血及分泌物,保持呼吸道通畅,呼吸停止时行人工呼吸。

(3)出现休克表现时给予抗休克治疗。

(4)送医院过程中,胸部外伤患者以半坐位为好。

(5)肋骨骨折时给予包扎固定。

【任务小结】

本任务主要学习交通事故的应急处置措施,具体介绍交通事故应急处理程序和交通事故受伤急救两项内容。学生通过本任务的学习,能够掌握交通事故的应急处置。

【思考讨论】

发生交通事故后,应该如何处置?

【学习评价】

技能要点	评价关键点	分值/分	自我评价 (20%)	小组互评 (30%)	教师评价 (50%)
交通事故应急处理程序	正确处理交通事故	50			
交通事故受伤急救	掌握交通事故急救伤者的方法	50			
总得分		100			

项目七　自然灾害事故应急处置

【项目描述】

  我国是世界上突发事件种类多、发生频次高和损失最严重的国家之一。地震、泥石流、洪水等自然灾害多发,火灾、爆炸、泄漏等事故也经常威胁公众生命健康和财产安全。然而现实中,公众的应急素养不尽如人意,主要表现为应急观念淡薄、敏锐度不强、应急处理能力低,常因较小的突发事件导致较为严重的后果。作为现代社会公民素养的重要组成部分,公民应急素养的提高,有助于提高公众应急意识以及应对能力,面对各类应急事件,公民具有较高的应急素养,能激发较强的自救、互救能力,更好地保障自身和公众的生命财产安全。

  应急管理、卫生防疫等职能部门在突发公共事件应对、突发事件紧急医学救援中发挥主导作用,公众的有效配合和积极参与也是不可缺少的重要力量。提高公民应急素养,也是完善应急机制,提升政府应急管理水平和有效应对能力的必然要求。

  本项目主要学习自然灾害应急避险的急救方法和操作技巧,培养和普及学生在面对突发事件时能够迅速获取、理解和应用信息、知识、规律,训练学生面对常见自然灾害事故时的自救、互救能力,有效参与有限的应急救援与防控。

【学习目标】

  知识目标:

  1.了解我国自然灾害现状和特点。

  2.熟悉我国常发自然灾害的种类及危害。

  3.掌握易发自然灾害的逃生、自救与互救知识。

  技能目标:

  1.具备易发自然灾害的逃生能力。

  2.具备易发自然灾害自救和互救的能力。

  素养目标:

  1.养成良好的思维能力。

  2.具备乐于助人、勇敢果断的品格。

  3.具备专业、敬业、吃苦耐劳的工作精神。

任务一　地震灾害应急处置

【任务实施】

地震,是由地球内部运动引起的地壳震动。按原因可分为陷落地震、火山地震和构造地震。其中以构造地震最为常见,震动也最为强烈,对人类文明造成的危害也最为严重。自然灾害中,没有什么比地震更让人感到恐惧。

我国是全球地震灾害最严重的国家之一。20世纪的统计数据表明,我国人口占世界的1/4,但地震次数占全球大陆地震的1/3,而地震造成的人员死亡数量占了全球的1/2。2000—2019年的统计数据表明,我国大陆因地震造成的人员死亡人数占了全球的12%。

据史料记载,我国造成人员死亡超过20万人的地震有4次:1303年山西洪洞8.0级地震,死亡人数20万人;1920年宁夏海源8.6级地震,死亡人数23万人;1976年河北唐山7.8级地震,死亡人数24.2万人;1556年陕西华县8.6级地震,死亡人数83万人(含瘟疫、饥荒)。陕西华县地震是目前世界上记载中死亡人数最多的一次地震。全球死亡人数超过20万人的地震有8次,其中4次发生在我国,达1/2。

地震是我国造成人员死亡最多的自然灾害。20世纪后半叶我国大陆自然灾害死亡人数统计数据表明:地震灾害占54%,气象灾害占40%,地质灾害占4%,海洋与林业灾害占1%,其他灾害占1%。

1976年7月28号,河北唐山地区发生的7.8级地震,是世界历史上一次罕见的城市地震灾害。这次地震共造成24.2万人死亡,16.4万人受重伤落下终身残疾,直接经济损失高达54亿元。

2008年5月12日14时28分,四川省发生8级强烈地震,全国大半地区有明显震感,震中位于阿坝州汶川县,地震造成了严重的生命和财产损失。据报道,截至2008年9月22日12时,四川"汶川特大地震"已确认69 227人遇难,374 643人受伤,失踪17 923人,累计解救和转移1 486 407人。

2020年,我国大陆地区共发生地震灾害事件5次,造成5人死亡,30人受伤,直接经济损失约18.47亿元。其中,灾害损失最严重的地震为1月19日新疆喀什6.4级地震,造成1人死亡,2人受伤,直接经济损失15.26亿元。人员伤亡最严重的地震是云南巧家5.0级地震,造成4人死亡,28人受伤,直接经济损失约1.04亿元。

一、我国地震带的分布

我国地处世界上最强大的环太平洋地震带和欧亚地震带之间,构造复杂,地震活动频

繁,是世界大陆地震最多的国家。

　　我国的地震活动主要分布在 5 个地区的 23 条地震带上。这 5 个地区是:①台湾及其附近海域;②西南地区,主要是西藏、四川西部和云南中西部;③西北地区,主要在甘肃河西走廊、青海、宁夏、天山南北麓;④华北地区,主要在太行山两侧、汾渭河谷、阴山—燕山一带、山东中部和渤海湾;⑤东南沿海的广东、福建等地。我国的台湾地区位于环太平洋地震带上,西藏、新疆、云南、四川、青海等省区位于喜马拉雅-地中海地震带上,其他省区处于相关的地震带上。

　　23 条地震带分别是:①郯城枣庐江带,即从安徽庐江经山东郯城至东北一带;②燕山带;③山西带;④渭河平原带;⑤银川带;⑥六盘山带;⑦滇东带;⑧西藏察隅带;⑨西藏中部带;⑩东南沿海带;⑪河北平原带;⑫河西走廊带;⑬天水枣兰州带;⑭武都枣马边带;⑮康定枣甘孜带;⑯安宁河谷带;⑰腾冲枣澜沧带;⑱台湾西部带;⑲台湾东部带;⑳滇西带;㉑塔里木南缘带;㉒南天山带;㉓北天山带。

　　我国大陆分为若干活动构造块体,构造块体边界是地震集中发生的区域。我国大陆全部 8 级以上地震、超过 80% 的 7 级以上地震都发生在这些边界地区。地震较为集中的区域称为地震带,我国大陆主要有位于中部纵贯我国南北的南北地震带,位于新疆及境外地区的天山地震带,位于东部的郯庐地震带、山西地震带、阴山—燕山—渤海地震带和华南沿海地震带等。

二、地震灾害紧急避险原则

　　(1)伏而待定。这是我国古代地震中总结出的一条重要经验。地震不同于爆炸,房屋倒塌有个时间过程。一般情况下,破坏性地震的发生过程要持续几十秒钟,而从感觉到震动到建筑物被破坏,大约有 12 s,而建筑物的牵动性破损和倒塌一般还会有数秒至一二十秒的时间。

　　因此,在地震刚刚发生的 12 s 时间内,千万不要惊慌,最好先不要动,而是努力保持站立姿势,保持视野和机动性,以便相机行事,根据所处环境迅速做出能够保障安全的决定。

　　面临大地震,人们往往来不及逃跑,最好就近找个安全的角落,蹲下或坐下,尽量蜷曲身体,降低身体重心,注意保护头部和脊柱,等待震动过去后再迅速撤离到安全的地方。简单地说,就是"伏而待定"。

　　(2)因地制宜。地震时,我们每个人所处的环境、状况千差万别,避震方式也不可能千篇一律,要具体情况具体分析。

　　例如,我国北方农村地区大多为平房,房间内大部分有土炕和条柜,院落比较开阔,周围也没有高大建筑物。地震发生时,应当行动果断,或就近躲避在土炕边、条柜旁,或紧急逃离。绝不能瞻前顾后,犹豫不决。

　　从平房逃出去后,不要站在院子里,最好的去处是马路旁边或宽阔的空地。如果有可能,可以再抱住一棵树,因为树根会使地基牢固,树冠可以防范落物。

　　如果是住在楼房,在地震发生时,则最好不要离开房间。应就近迅速寻找相对安全的地方避震,在震后再迅速撤离。

在城市地震应急中,暖气管道大有用处。因为其承载力大,不易断裂;通气性好,不易造成人员窒息;管道内的存水还可以延长被困者的存活期;此外,被困人员还能通过击打暖气管道向外界传递信息。

(3)寻找三角空间避险。地震自救的防范目标十分明确。必须针对落顶和呛闷采取自救措施,切勿因躲避一般落物而干扰自己的动作。一句话,宁可受伤不能丧命。

不要在意室内电灯、重物和设备的掉落,城市房间的高度一般仅比人高出1 m多,即使被砸伤也不会致命。针对天花板的塌落,我们应该在看准位置后迅速躲靠,即躲靠在支撑力大而自身稳固性好的物件旁边,如铁皮柜、立柜、暖气、大器械旁边,最好靠近狭小的地方,如浴室、储物间。因为这些地方都建有承重墙,能抵抗一般的坠落性重物。这样做的目的,是要利用房顶塌落时坠落的水泥板与支撑物之间所形成的一个"三角形自然空间",在这个空间,既容易呼吸,又便于他人救助。这也提醒我们,平时就应当观察哪些地方能形成这样的三角空间。

必须注意的是,只能靠近支撑物,而不能钻进去,更不能躺在里面。因为人一旦钻进桌椅床柜等狭小空间,就丧失了机动性,不但视野被阻挡、四肢被束缚,还很容易遭受连带性的伤害。这样,不仅会错过逃生机会,也会给灾后的救援工作带来极大不便。

用躺卧的姿势避震更不可取,因为人体的平面面积加大,被击中的概率也随之加大,而且躺卧时也很难机动变位。

(4)近水不近火,靠外不靠内。不要靠近炉灶、煤气管道和家用电器,以避免遭受失火、煤气泄漏、电线短路的直接威胁。靠近水源,是保证生命的直接需要。不要选取建筑物的内侧位置,而应尽量靠近外墙,但是应避开房角和侧墙等薄弱部位,如图7-1所示。

图 7-1　地震自救示意图

以上4条避震原则,是躲避地震时应当遵循的最基本的原则。当然,最重要的,还是当事人当机立断的反应能力,依据所处的实际环境,果断采取相应的避险措施。

三、特殊场所的避震方法

在野外如果遭遇地震,一般应当尽量避开山边的危险环境,避开山脚、陡崖,以防山崩、滚石、泥石流、地裂、滑坡等。

如果遇到地震引发的山崩、滑坡,要向垂直于滚石前进的方向跑,切不可顺着滚石的方向往山下跑;为避险,也可躲在结实的障碍物下,或蹲在地沟、坎下,此时,特别要保护好头部。

发生地震时,如果汽车正在行驶,司机应尽快减速,逐步刹车。乘客应当抓牢扶手,以免摔倒或碰伤,同时降低重心,躲在座位附近,护住头部,紧缩身体并做好防御姿势,待地震过去后再下车。如果地震发生时,汽车在立交桥上,司机和乘客应迅速步行下桥躲避。

如果上课时发生地震,教师绝不可带头乱跑,而是应当指挥学生迅速抱头、闭眼,躲在各自的课桌旁边。

发生地震时,如果正在工厂车间、影剧院、商场、学校等公共场所,在时间允许的条件下,可依次迅速撤离。在来不及撤离时,可就近躲藏在车床、桌子、椅子、舞台等的旁边,最忌慌乱拥向出口。

四、自救与互救

如果在地震中被埋压,要设法避开身体上方不结实的倒塌物、悬挂物或其他危险物品,用砖石、木棍等支撑残垣断壁,以防余震时再被埋压。同时,还可搬开身边的砖瓦等杂物,以求扩大活动空间。如果搬不动,千万不能勉强,防止周围杂物再次倒塌。不要随便动用室内设施,包括电源、水源等。不使用明火。

地震时,粉尘、烟雾和有毒气体的弥漫将会十分严重,这是造成人员伤亡的重要原因。所以,我们在地震避险时,如果闻到有异味或灰尘太大时,应当设法用湿衣物捂住口鼻。

无论在哪种情况下,都必须有强烈的求生欲望。如果能有一定的活动空间,应尽可能向有光亮、透气的地方转移,并设法钻出废墟。如果找不到出路,应设法向外呼救。

地震时如果被困在地下室和井下,一般没有必要慌张。因为,地下建筑物相对地面建筑比较安全。如果遇到上述情况,应当尽可能查找并保护好水源、食品,尽量保持体力,在必要的情况下,还应当收集尿液维生,以防长时间被困地下。即使恐惧,也不要乱喊乱叫,应尽量保持体力,等听到有救援人员到来时再设法进行呼救。

被埋压后,应当积极向外联络,尽可能地使用能够找到的各种器具。例如,我们可以利用声音,不定时地呼叫、把闹钟弄响、击打家具和水管等;也可以利用光,如把手电筒打开,利用手电筒光向外呼救。可能的情况下,还可以打手机向外界报告自己的情况。

地震专业救援队和当地政府,以及部队组织的搜救队伍是地震救援的重要组成力量。但是,在地震发生到救援队伍到来之前的这段时间里,受灾群众和居民及时地避险和自救、互救往往更能有效地躲避灾害或解救遇险者。

地震救援时应遵循的原则就是"先易后难",先抢救建筑物边沿瓦砾中的幸存者和那些容易获救的幸存者。因为被抢救出来的轻伤幸存者,可以迅速充实扩大互救队伍,更合理地展开救助活动。此外,应特别注意先抢救医院、学校、旅馆等人员密集的地方。

救助被埋压人员要注意以下几个要领:

首先,必须学会寻找被埋人员。根据知情人提供的情况,进行有目的的搜索定位,留意遇难人发出的呼救信号及信息,如手电筒光、警哨、敲击声、呼喊声、呻吟声等。

通过辨认血迹和瓦砾中人员活动的痕迹追踪搜索,条件允许的话,还能利用训练有素的搜救犬进行快速搜索定位。

在营救被埋压人员时,根据房屋结构进行抢救。不要破坏被埋压人员所处空间周围的支撑条件,这样会引起新的垮塌,使被埋压人员再次遇险。正确的处理办法是:有计划、有步骤地利用瓦砾堆中已有的空隙,进行支撑和加固;然后爬到被压人员所在的地点,救出伤者。或者在侧墙凿出缺口,进入被埋人员所在房间。也可以在瓦砾堆外的地面上开凿竖井,下到一定深度后再水平掘进到预定地点。作业时,需配备空气压缩机和风钻、风镐及支撑器材。

在营救被埋人员时,不要用利器刨挖,以保证被埋人员的安全。最后,营救时应特别注意以下几点:

(1)如尘土太大,应喷水降尘,以免被埋人员窒息。

(2)尽快打开被埋压人员的封闭空间,使新鲜空气流入;尽快将被埋人员的头部暴露出来,清除其口鼻内的尘土,以保证其呼吸畅通。

(3)对受伤严重、不能自行离开埋压处的人员,应该先设法小心地清除其身体上和周围的埋压物,再将被埋压人员抬出废墟,切忌强拉硬拖。对饥渴、受伤、窒息较严重的、埋压时间又较长的人员,被救出后,要用深色布料蒙住眼睛,避免强光刺激。救援人员要根据伤势轻重,对伤者进行包扎,或送医疗点进行抢救治疗。对于颈椎和腰椎受伤人员,要在暴露其全身后用硬木板担架固定,然后再慢慢移出,并及时送到医疗点。对于一息尚存的危重伤者,应尽可能在现场进行急救,然后迅速送往医疗点或医院。

(4)如果营救被埋压在较高处的人员,可以使用专门的搬运工具,通过绳子平滑地将人员转移到平地,或者利用梯子慢慢地将人员放到低处。如果没有专门工具,也可以就地取材,寻找床板等物制成简易工具运送人员。

(5)救援时,不可急躁,要特别注意埋压人员的安全。以往地震中曾发生过救援人员盲目行动,踩塌被埋压者头上的房盖,砸死被埋人员的事件。因此,在营救过程中要有科学的分析和行动,才能收到好的营救效果。盲目行动,往往会给营救对象造成新的伤害。

(6)对于不慎落入井下的人员,救援人员将使用井下探测抢救设备展开救援。

五、震后防疫

为防范疫病流行,在地震灾害发生后,必须及时开展大规模的卫生防疫工作。防疫医疗队要及时巡诊救治伤者、接种疫苗、喷洒各类消毒剂。当地群众和救援队伍要立即开始恢复供水系统、垃圾运输和污水排放系统以及其他各项卫生设施。

越来越多的地震灾害实例表明,人类通过科学、合理的防、抗、救等措施,已经能在一定程度上抵抗地震带来的毁灭性打击,达到有效减灾的目的。我们坚信,地震虽然是不可避免的,但它所造成的伤害是能够大大减轻的,甚至是可以避免的。

六、家庭防震准备

(1)明确疏散路线和避难地点,订出最快捷、最安全的路径。

(2)加固并合理布置室内家具,如大件家具摆在墙体薄弱处;桌下、床下不放杂物。

(3)清楚室外环境条件。

(4)准备避难和营救物品,家庭每个成员都应准备防震袋(或避难袋)。

(5)准备一些简单的营救工具,如撬棍、锤子、斧子、小钢锯等,放在震后能随手拿到的位置上。

(6)学会基本的医疗救护技能,如人工呼吸、止血、包扎、搬运伤者和护理方法等。

(7)每人身上装一个急救小卡片,注明姓名、住址、电话号码、血型、紧急联系人姓名等内容,便于他人营救时参考。

(8)适时进行家庭应急演习,以弥补避震措施中的不足。

【任务小结】

本任务从我国地震带的分布、地震灾害紧急避险原则、特殊场所的避震方法、自救与互救、震后防疫和家庭防震准备六个方面介绍地震灾害发生时的应急处置要求。学生通过本任务的学习,能够初步掌握地震灾害的应急处置技能。

【思考讨论】

1.地震灾害发生后,如何开展自救和互救?

2.普通家庭如何做好防震措施?

【学习评价】

技能要点	评价关键点	分值/分	自我评价（20%）	小组互评（30%）	教师评价（50%）
地震灾害应急处置	了解我国地震带的分布	10			
	熟悉地震灾害紧急避险原则	15			
	掌握特殊场所的避震方法	20			
	掌握地震自救与互救	30			
	熟悉震后防疫	10			
	熟悉家庭防震准备措施	15			
总得分		100			

任务二　洪水灾害应急处置

【任务实施】

水是生命之源,是地球上万物的命脉之所在。然而,水在孕育了众多生命体的同时,也一次次使灾难降临人间。在我国,洪水的主要分布地区跨越了南北大地,最常见的也是威胁最大的是暴雨洪水。

我国受暴雨洪水威胁的主要地区分布在长江、黄河、淮河、海河、珠江、松花江、辽河等7大江河下游和东南沿海地区。

1994年,两广地区遭受50年一遇的洪水灾害,近125万公顷农田被淹,受灾人口达1 319万人,直接经济损失约632亿元。

1998年,长江、松花江、珠江、闽江等流域相继暴发历史罕见的特大洪水,受灾人口达几千万,直接经济损失达2 550多亿元。

一、洪水的形成

按照成因,洪水可以分为五种。

(1)暴雨洪水:因降大雨、暴雨引发的洪水。

(2)融雪洪水:气温或者降雨使得雪山上的积雪融化形成的洪水。

(3)冰川洪水:由于气温的升高,冰川融化形成的洪水。

(4)冰凌洪水:河道里的冰凌突破堤防以后形成的洪水。

(5)溃坝洪水:堤坝或其他挡水建筑瞬间溃决,发生水体突泄所形成的洪水。

二、洪水袭来前的准备

当洪水袭来的时候,对身在受灾地区范围之内的人们,迫在眉睫的问题就是如何迅速转移。政府部门会在洪水到来前,提前发出灾害预警,此外还会通过广播、电视等多种手段不间断地向受到洪水威胁的群众传达转移通知,包括转移方式、转移路线和安置地点等内容。

接到转移通知后,群众应该服从当地政府或社区的安排部署,有序地进行人员和财产的转移。应该重点指出的是,在向安全地区转移的过程中,慌乱不仅无济于事,还会造成更坏的后果。

洪水到来以前,在有计划地组织转移和撤离的时候,人们可以适当地多带一些物品,如家中比较重要的财产,另外还要带一些衣物,最重要的是饮用水和食物。

在汛期,容易遭受洪水灾害地区的群众应该养成经常收听、收看天气预报及有关预警信息的好习惯。同时,政府部门应保证气象、水文等预警信息的传递有一个比较畅通的渠道。比如,除了公共媒体播发的信息之外,报警电话、手机短信等都是较好的传递信息的手段。比较偏远地方的群众还有敲锣、放炮等传递危险信号的做法。

在紧急救生的时候,首先要考虑的是如何将人安全地转移出去,而不要过多地考虑带什么东西,以免耽误了最佳的逃生时机。

在必须准备的各类物品中,医药、取火设备很重要。同时还要仔细观察,如果发现某个通信设施还能使用,也尽可能地保存好。

如果准备在原地避水,还应当充分利用条件。首先要做熟可供几天食用的食物。同时,还要注意将衣被等御寒物放至高处保存。如果有可能,还应当扎制木排,搜集木盆、木块等漂浮材料,并加工为救生设备,以备急需。

为防止其他意外伤害,选择在室内避水者,应该在室内进水前,及时拉断电源,以防触电。遇到打雷时要注意避雷。

三、洪水袭来时的自救

洪水袭来时可能有些人被困在树上、屋顶上,许多遇险者因此感到特别害怕,不知道如何求生。这时,该怎么办?

(1)及早选择避难所。避难所,一般应选择在距家最近、地势较高、交通较为方便的地方,这些地方应有上下水设施,卫生条件较好,与外界可保持良好的通信、交通联系。

城市中的避水则相对比较容易。因为许多高层建筑的平坦楼顶,地势较高或有牢固楼房的学校、医院,以及地势高、条件较好的公园等地方都可以作为避洪场所。

洪水冲击避难场所时,有条件的可修筑或加高围堤;如果没有条件,就应当及时、果断地选择登高避难之所,如基础牢固的屋顶,或在大树上筑棚、搭建临时避难台等。

洪水猛涨时,还可以用绳子或被单等物将身体与烟囱、树木等固定物相连,以免被洪水卷走。

生活在洪水易发区的群众一定要在平时学会观察、留神自己周围的地形地貌,为自己选一个一旦洪水到来就可以躲避的安全地点,以及到这个安全地点的路线。

(2)积极主动寻求生机。如果被洪水围困,被困者一定不要表现绝望或者消极地等待救援,而应该积极主动地寻求生机。

(3)谨慎下水。还必须记住,洪水汹涌时,切不可下水。因为,此时除了水中的漩涡、暗流等极易对人造成伤害外,上游冲下来的漂浮物也很可能将人撞昏,导致溺水身亡。

在水中时,还可能遇到其他的危险。例如,被毒蛇、毒虫咬伤;碰到倒塌的电杆上的电线,发生触电的危险。所以要提高警惕。

(4)互帮互助。面对滚滚波涛,互帮互助也是摆脱困境的有效手段。碰上他人在水中遇险时,要在力所能及的情况下,伸出援助之手。

作为普通人,都应该掌握一些常见的急救常识,如心肺复苏、人工呼吸等。掌握了这样一些急救常识,在专业救援人员到来之前,就可以采取科学、正确的急救方法来挽救生命。

四、灾后处置

从灾区被疏散、营救出来以后,首先要解决吃、穿等困难。在解决基本的生活保障的同时,还应该清醒地认识到:大灾之后要防大疫。

洪水发生后,应到卫生防疫部门派出的医疗防疫队那里寻求救治;同时还可以去灾民集中安置区设置的固定医疗点,索取防病、治病的药品。

洪水暴发时,被污染的水源容易引发流行病。所以,饮用水要尽量用漂白粉消毒,有条件的地方还可以用瓶装水或净水器过滤,并一定要烧开饮用。及时清洁自己的居住环境,也能有效地防控疾病的发生。

五、山洪避险

除了暴雨洪水外,还可能会遇到在山区发生的山洪。山洪是山区溪沟中发生的暴涨暴落的洪水。它具有突发性、水量集中、破坏力强等特点。因此,一旦在山区中遭遇暴雨,千万不要惊慌,一定要听从有经验人员的指挥,马上寻找较高处避灾。应向山脊方向奔跑避洪,不要在危岩和不稳定的巨石下避洪。千万不要在山谷中逗留,因为山谷是山洪暴发的路径。

【任务小结】

从面对汹涌洪水而奋力逃生,到洪水过后重建家园。大自然不断地考验着人类的生存意志。掌握了这些关于洪水救援的知识,我们也就实现了挽救生命的最重要的一步。

本任务从洪水的形成、洪水袭来前的准备、洪水袭来时的自救、灾后处置、山洪避险五个方面介绍洪水灾害的应急处置。学生通过本任务的学习,能够初步掌握洪水灾害的应急处置要求。

【思考讨论】

1. 洪水来袭时的自救措施有哪些?
2. 如何实施山洪避险?

【学习评价】

技能要点	评价关键点	分值/分	自我评价（20%）	小组互评（30%）	教师评价（50%）
洪水灾害应急处置	了解洪水的形成	15			
	熟悉洪水袭来前的准备	20			
	掌握洪水袭来时的自救	25			
	掌握灾后处置	20			
	掌握山洪避险措施	20			
总得分		100			

任务三　暴雨雷电灾害应急处置

【任务实施】

一、暴雨、雷电灾害的基础知识

（一）暴雨

暴雨是影响市民生产生活的主要气象灾害之一，伴随暴雨常出现雷电、大风、冰雹等气象灾害，也常诱发城市内涝、山体滑坡、泥石流等次生灾害，严重影响城市、郊区、农村、山区等居民日常生活，甚至对生命财产造成极大损失。

中国气象局规定 24 h 降水量为 50 mm 及以上的雨称为"暴雨"。按其降水强度大小又分为三个等级，即 24 h 降水量为 50～99.9 mm 称为"暴雨"；100～250 mm 以下称"大暴雨"；250 mm 以上称为"特大暴雨"。

暴雨预警信号分四级，分别以蓝色、黄色、橙红、红色表示，如图7-2 所示。

图 7-2　暴雨预警信号

暴雨蓝色预警信号：12 h 内降雨量将达 50 mm 以上，或已达 50 mm 以上，可能或已经造成影响且降雨可能持续。

暴雨黄色预警信号：6 h 内降雨量将达 50 mm 以上，或已达 50 mm 以上，会造成一些不良影响，或者会出现一些问题，降雨持续时间长。

暴雨橙色预警信号：3 h 内降雨量将达 50 mm 以上，或已达 50 mm 以上，可能或已经造成较大影响且降雨可能持续。

暴雨红色预警信号：3 h 内降雨量将达 100 mm 以上，或者已达 100 mm 以上，对生活造成比较严重的影响，可能会出现洪灾等问题。

(二)雷电

雷电是伴有闪电和雷鸣的一种放电现象。雷电一般产生于对流旺盛的积雨云中，因此常伴有强烈的阵风和暴雨，有时还伴有冰雹和龙卷风。雷电分直击雷、电磁脉冲、球形雷、云闪四种。其中直击雷和球形雷都会对人和建筑造成危害，而电磁脉冲主要影响电子设备，主要是受感应作用所致；云闪由于是在两块云之间或一块云的两边发生，所以对人类危害最小。

直击雷就是在云体上聚集很多电荷，大量电荷要找到一个通道来泄放，有的时候是一个建筑物，有的时候是一座铁塔，有的时候是空旷地方的一个人，所以这些人或物体都变成电荷泄放的一个通道，就把人或者建筑物给击伤了。直击雷是威力最大的雷电，球形雷的威力比直击雷小。

雷电对人体的伤害，有电流的直接作用和超压或动力作用，以及高温作用。当人遭受雷电击的一瞬间，电流迅速通过人体，重者可导致心跳、呼吸停止，脑组织缺氧而死亡。另外，雷击时产生的是火花，也会造成不同程度的皮肤烧灼伤。雷电击伤，也可使人体出现树枝状雷击纹，表皮剥脱，皮内出血，还能造成耳鼓膜或内脏破裂等。

二、暴雨、雷电事故应急避险

暴雨发生及发布暴雨预警信号后，相关人员要第一时间采用防御手段。

(1)室内人员。检查房屋或院落可能漏雨、渗水处，提前做好防范和排水准备；及时采取关闭和紧固门窗等防御措施，防止雨水漫入室内。有雨水漫入室内危险或已经有雨水漫入时，应立即切断电源。同时，用挡水板和沙袋等方式防止雨水进一步漫入；检查电路、炉火、煤气阀等设施是否安全，切断低洼地带有危险的室外电源；必要时将危险地带人员和危房居民转移到安全场所避雨。

(2)中、小学生。小学和幼儿园学生上、下学应由成人带领，采取适当措施，保证学生和幼儿的人身安全；农村中、小学生没有成人带领，可根据路段情况采取依托家长、周边农户和学校分段负责接送的方式，保证学生安全；获知橙色、红色暴雨预警信号或降雨很强时，根据中、小学，幼儿园提前或推迟上学、放学时间、停课等要求，学校和家长应加强对中、小学生的看护和管理，确保学生安全；老师或家长在护送学生上学、放学途中，应随时注意雨情变化，当降雨突然加大、出现积水或其他突发事件时，应就近选择安全场所暂避。

(3)驾驶人员。要及时了解路况和雨情等信息，开启警示灯，避免将车辆停放在低洼易涝等危险区域，遇到积水道路特别是有积水的立交桥时，应绕行，避免穿越积水道路和区域。在雨大时可暂时停驶，将车辆停靠在地势较高处或安全位置；当车辆在积水处抛锚被困水中时，车内人员或周边知情人员应立即拨打相关救助电话；如积水上涨且未能得到及时救助时,应果断寻找工具凿开车窗,弃车逃生;暴雨预警发布后,应尽量减少车辆外出。在外行驶车辆时,应为应急救援车辆让行,不要占用应急车道。

(4)行人。不要在路况不明的积水中行走。如确须在积水中行走时要细心观察周围的警示标志和路况,防止跌入窨井、地坑、沟渠之中;蹚水行走时,要注意积水面的变化,遇有漩涡,务必绕行,以免被吸入失去井盖的下水道。老、弱、病、残、幼人群尽量不要外出,必须外出时务必由监护人陪同;应尽量避开前往桥下(尤其是下凹式立交桥下)、涵洞等低洼地区;当地铁、地下商场、过街通道等地下空间积水时切勿进入,切勿在高楼、广告牌下躲雨或停留;远离易涝区、危房、边坡、简易工棚、挡土墙、河道、水库等可能发生危险的区域;要防范山洪,避免渡河,不要沿河床行走;水库泄水河道周边的人员应密切关注水库泄洪预警信息,当遇洪水来袭时,不要沿泄洪道方向奔跑,要向两侧迅速躲避,或向高处转移;如发现高压线铁塔倾倒、电线低垂或断折,要远离避险,不可触摸或接近。

(5)户外人员。应密切关注降雨趋势,随时检查排水、防涝器材是否齐全,必要时停止架空线路、杆塔和变压器等高压电力设备的作业;停止在山梁、山顶、空旷地带作业和行走,以防雷击;不要沿河道、山谷、低洼处行走,警惕山洪、滑坡和泥石流等地质灾害;当听到土石崩落、洪水咆哮等异常声响时,要迅速向沟岸两侧高处跑,选择土石完整的缓坡或无流水冲刷的地段避险;停止户外广告、脚手架等高架设备作业,防止大风造成设备倒塌,伤及人、物;野外旅游人员,特别是户外运动、自助旅行人员(驴友),要根据天气情况制订运动计划;要具备或学习、掌握一定的气象观测和预报预警知识,并及时通过景区显示屏、气象灾害警示牌、移动设备以及相关管理人员、护林员等获取气象预报预警信息,适时调整旅游行程。

雷电天气要做好如下几点:

(1)注意关闭门窗,室内人员应远离门窗、水管、煤气管等金属物体。

(2)关闭家用电器,拔掉电源插头,防止雷电从电源线入侵。

(3)在室外时,要及时躲避,不要在空旷的野外停留。在空旷的野外无处躲避时,应尽量寻找低洼之处(如土坑)藏身,或者立即下蹲,降低身体的高度。远离孤立的大树、高塔、电线杆、广告牌等。

(4)立即停止室外游泳、划船、钓鱼等水上活动。

(5)如多人共处室外,相互之间不要挤靠,以防被雷击中后电流互相传导。

(6)雷电交加时,勿打手机或有线电话,应在雷电过后再拨打,以防雷电波沿通信信号入侵,造成人员伤亡。

(7)雷雨天气时,不宜靠近建筑物的裸露金属物,如水管、暖气煤气管等,不宜使用沐浴器;远离专门的避雷针(带)引下线。

(8)乡村民房在屋顶设置金属电视天线、晒衣铁线引入室内,或在室内乱拉电源线、电话线、电视天线等金属导线。雷雨天线时,雷电总是沿着这些路进入室内,因此,人在室内要远离这些线路和开关、插座灯头(必须距离人体1.5 m以外)。

(9)不宜携带金属物品,不宜在旷野肩扛或高举木杆(竹竿)、锄头、铁锹、扁担、雨伞等工具。

（10）不宜在旷野开摩托车、骑自行车、骑在牛背或奔跑。

（11）不宜进行户外球类运动（足球、篮球、高尔夫球等）。不宜把羽毛球拍、高尔夫球杆等金属物扛在肩上。

（12）一旦遭到雷击侵袭，对烧伤或严重休克的人，应马上让其躺下，并对其进行抢救。如果伤者虽失去意识，但仍有呼吸和心跳，应让伤者平卧，安静休息后，再送医院治疗。如果伤者已停止呼吸或心脏跳动，应查看伤者身体是否出现紫蓝色斑块。如果没有，说明处于"假死"状态，应立即采取紧急措施进行抢救。最有效的办法是进行人工呼吸和心肺复苏，千万不要放弃急救，并迅速通知医院为抢救生命赢得时间。

【任务小结】

本任务从暴雨、雷电灾害基础知识和暴雨、雷电事故应急避险两个方面，介绍了暴雨、雷电事故的紧急避险知识和处置要求。学生通过本任务的学习，能够初步掌握暴雨、雷电事故的紧急避险措施。

【思考讨论】

1. 一名司机在驾车过程中遇到雷雨天气，他该如何紧急避险？

2. 如果你在雷雨天气遇到有人被雷击中，应该如何给他施救？

【学习评价】

技能要点	评价关键点	分值/分	自我评价（20%）	小组互评（30%）	教师评价（50%）
暴雨、雷电灾害应急处置	了解暴雨灾害的基础知识	15			
	了解雷电灾害的基础知识	15			
	掌握室内人员紧急避险方法	20			
	掌握中、小学生紧急避险方法	10			
	掌握驾驶人员紧急避险方法	20			
	掌握行人紧急避险方法	20			
总得分		100			

任务四　泥石流与滑坡事故应急处置

【任务实施】

一、泥石流事故应急处置

泥石流是指在山区或者其他沟谷深壑,地势险峻的地区,因为暴雨、暴雪或其他自然灾害引发的山体滑坡并携带大量泥沙以及石块的特殊洪流。泥石流经常突然爆发,来势凶猛,沿着陡峻的山沟奔腾而下,山谷犹如雷鸣,可携带巨大的石块,在很短时间内将大量泥沙石块冲出沟外,破坏性极大,常常给人类生命财产造成很大危害。

(1)泥石流发生前兆。泥石流发生前将有以下征兆:①河流突然断流或水势突然加大,并夹有较多柴草、树枝。②深谷内传来似火车轰鸣或闷雷般的声音。③沟谷深处突然变得昏暗,并有轻微震动感等。

(2)泥石流事故避险自救。当处于泥石流区时,不能沿沟向下或向上跑,而应向两侧山坡上跑,离开沟道、河谷地带,但应注意,不要在土质松软、土体不稳定的斜坡停留,以防斜坡失稳下滑,应在基底稳固又较为平缓的地方暂停观察,选择远离泥石流经过地段停留避险。另外,不应上树躲避,因泥石流不同于一般洪水,其流动中可能冲断树木卷入泥石流,所以上树逃生不可取。应避开河(沟)道弯曲的凹岸或地方狭小高度不高的凸岸,因泥石流有很强的掏刷能力及直进性,这些地方可能被泥石流体冲毁。

二、滑坡事故应急处置

滑坡是指斜坡上的土体或岩体,受河流冲刷、地下水活动、地震及人工切坡等因素的影响,在重力的作用下,沿着一定的软弱面或软弱带,整体地或分散地顺坡向下滑动的地质现象,俗称“地滑”“走山”“垮山”“山剥皮”“土溜”等。

(1)滑坡发生前兆。不同类型、不同性质、不同特点的滑坡,在滑动之前,一般都会显示出一些前兆。归纳起来,常见的有如下几种:①滑坡滑动之前,在滑坡前缘坡脚处,堵塞多年的泉水有复活现象,或者出现泉水(井水)突然干枯,井水、泉水位突变或混浊等类似的异常现象。②在滑坡体中部、前部出现横向及纵向放射状裂缝,它反映了滑坡体向前推挤并受到阻碍,已进入临滑状态。③滑坡滑动之前,滑坡体前缘坡脚处,土体出现隆起(上凸)现象,这是滑坡体明显向前推挤的现象。④滑坡滑动之前,有岩石开裂或被剪切挤压的声响,这种现象反映了深部变形与破裂。⑤滑坡在临滑之前,滑坡体周围的岩(土)体会出现小型崩塌和松弛现象。⑥如果在滑坡体有长期位移观测资料,在滑坡滑动之前,无论是水平位移量还是垂直位移量,均会出现加速变化的趋势。这是临滑的明显迹象。⑦滑坡后缘的裂缝急剧扩展,并从裂缝中冒出热气或冷风。滑坡征兆示意如图 7-3 所示。

图 7-3　滑坡征兆示意图

(2)滑坡事故避险自救。滑坡发生时,应向滑坡边界两侧之外撤离,绝不能沿滑移方向逃生。如果滑坡滑动速度很快,最好原地不动或抱紧一棵大树,如图 7-4 所示。

图 7-4　滑坡事故逃生示意图

【任务小结】

本任务主要学习泥石流和滑坡事故的应急处置。学生通过本任务的学习,能够对泥石流和滑坡事故应急处置有进一步的了解,掌握泥石流和滑坡事故的逃生自救技能。

【思考讨论】

1. 泥石流事故的应急处置措施有哪些?
2. 滑坡事故的应急处置措施有哪些?

【学习评价】

技能要点	评价关键点	分值/分	自我评价（20%）	小组互评（30%）	教师评价（50%）
泥石流事故应急处置	掌握泥石流事故应急处置的方法	50			
滑坡事故应急处置	掌握滑坡事故应急处置的方法	50			
总得分		100			